50 WIENER BÄUME

THOMAS ROTH

50 WIENER BÄUME

Die faszinierende Vielfalt
der Stadtbäume, die Wien prägen,
illustriert von Silvia Ungersböck

Kuratiert von
Katharina Kropshofer

FALTER VERLAG

ISBN 978-3-99166-018-7

1011 Wien, Marc-Aurel-Straße 9
T: +43/1/536 60-0, F: +43/1/536 60-935
E: bv@falter.at, service@falter.at
W: faltershop.at

Autor: Thomas Roth

Kuratorin: Katharina Kropshofer

Zeichnungen: Silvia Ungersböck

Lektorat: Helmut Gutbrunner

Grafik und Layout: Marion Großschädl

Produktion: Sothany Kim

Druck: Florjančič tisk d.o.o., SL 2000 Maribor

FSC www.fsc.org MIX Aus verantwortungsvollen Quellen FSC® C106954

Wir haben bei diesem Buch im Sinne der Umwelt
auf die Verpackung mit Plastikfolie verzichtet.

INHALT

EIN GRÜNES KALEIDOSKOP – UND WIE MAN ES BENUTZT

Es gibt ein kaum bekanntes Phänomen: Zeigt man Menschen ein Foto, auf dem ein auf einem Baum sitzender Vogel zu sehen ist, und fragt man sie, was sie sehen, sagen die meisten dasselbe: einen Vogel. Dass das grüne Geäst im Hintergrund nicht nur zur Dekoration da ist, sondern ein eigenständiges Lebewesen darstellt, entgeht ihnen. „Pflanzenblindheit" nennen die US-amerikanischen Botaniker und Biologielehrer James H. Wandersee und Elisabeth E. Schüssler diesen Effekt. Auch als sie den am Experiment Teilnehmenden Bilder mit verschiedenen Tieren und Pflanzen zeigten, erinnerten die sich ein wenig später an mehr Tiere als Pflanzen.

Natürlich sind uns Tiere auf gewisse Weise näher: Füchse, die sich liebevoll um ihren Nachwuchs kümmern, Bienen, die sich in einem Staat organisieren. Der Ahornbaum vor dem Küchenfenster hat zumindest auf den ersten Blick reichlich wenig mit unserer Lebensrealität zu tun. Oft fehlt auch das Wissen, den grünen Lebewesen rund um uns Namen zu geben und so eine Beziehung zu ihnen aufzubauen. Dabei wäre Wertschätzung angebracht. Vor allem jetzt. Vor allem in der Stadt.

1,5 Milliarden Jahre ist es her, dass es ein einzelliger Organismus schaffte, Energie aus Licht zu erzeugen. Das veränderte alles. Vor allem, als sich dieser Organismus zu Algen und später zu Pflanzen entwickelte. Ohne diese wären wir aufgeschmissen – das Prinzip, mit dem Pflanzen das Kohlendioxid, das wir ausatmen, in den für Menschen lebensnotwendigen Sauerstoff umwandeln, muss ich Ihnen nicht erklären; in Zeiten der Klimakrise sind Bäume deshalb aber notwendiger denn je: Sie speichern nicht nur CO_2 ohne energieintensive Technologie, sondern spenden auch wertvollen Schatten, halten Hochwasser zurück und helfen, den betrübten Blick angesichts der vielen Umweltkatastrophen wieder aufzuhellen.

Und so bin ich bei der Genese dieses Buches angelangt.

Rund 400.000 Bäume stehen in den Parks und auf den Plätzen Wiens, 98.000 entlang von Straßen. Sie alle sind fein säuberlich in den Wiener Baumkataster eingetragen. Das müssen sie auch. Sobald ihr Stamm vierzig Zentimeter Umfang misst, fallen sie unter das Wiener Baumschutzgesetz und sind vor einer Rodung geschützt. Wer trotzdem einen Baum umschneiden will, braucht dafür nicht nur eine Genehmigung, sondern muss den gefällten Baum auch nachpflanzen.

Vor rund eineinhalb Jahren flatterte eine alarmierende Nachricht in meinen *Falter*-Posteingang: Bei „heimlichen Baumfällungen" im Frühjahr 2023 seien in einer „Nacht-und-Nebel-Aktion" (so die Wiener Grünen) 19 Bäume gerodet worden, darunter eine 159 Jahre alte Winterlinde. Die Stadtgärtner hätten die Bäume im Morgengrauen gefällt, ohne ein Gutachten über den Zustand der Bäume vorzulegen.

Bäume emotionalisieren. Eine Umweltaktivistin umarmte den Stamm eines Baumes, um das Schlimmste zu verhindern. Der zuständige Bezirksvorsteher Dietmar Baurecht (SPÖ) konterte, die Bäume würden die Sicherheit der Parkbesucher gefährden. Und sagte dem *Kurier* bewusst gefühlsbetont: „Ich erinnere mich noch an die toten Kinder in

Kärnten, die bei einem Sturm von einem Baum erschlagen wurden, so etwas will ich nicht."

Das Beispiel zeigt die divergierenden Interessen einer Großstadt auf: Natur gegen Wohnraum, Baum gegen Straße, Klimaanpassung gegen Passantenschutz. Und die großen Entscheidungen, die darauf basierend getroffen werden müssen – allen voran, welcher Baum an welchem Standort am geeignetsten ist. Das ist der Punkt, an dem Thomas Roth, der Autor der 50 Baumporträts dieses Buches, ins Spiel kommt. Er leitet die Forschungsabteilung für Gehölzkunde und Baumschulwesen an der Außenstelle der Höheren Bundeslehr- und Forschungsanstalt für Gartenbau in Meidling.

Das Labor für den Baum der Zukunft sieht erst einmal unscheinbar aus: das Lysimeter, ein Saftstrommesser, mit dem das Bundesamt für Wasserwirtschaft misst, wie viel Wasser wirklich im Baum ankommt; die Plastikrohre, die in die Tiefe führen, die Berge an Substraten; die Versuche fürs Schwammstadtprinzip, das den Boden unter dem Baum so strukturiert, dass sich Regenwasser besser verteilt und genügend Wurzelraum zur Verfügung steht. Hier wollen Roth und seine Mitarbeiterinnen und Mitarbeiter herausfinden, was ein Baum braucht, um auch bei längeren und häufigeren Trockenphasen oder Extremwetterereignissen überleben zu können.

Bisher hat Wien viele Spitz-Ahorne, Eschen, Kastanien oder heimische Linden gesetzt, alles Baumarten, die Hitze und Trockenheit schlecht vertragen. Roth hat deshalb eine Liste mit 25 trockenheitsverträglichen Arten erstellt und testet diese seit 2019 aus: Maulbeerbaum, Ulme oder Geweihbaum – sie kommen aus Orten, in denen für Wien prognostizierte klimatische Gegebenheiten schon Realität sind. Also heiße Sommer mit drei- bis vierwöchigen Trockenphasen, milde Winter, die aber noch Frostperioden bringen können. Plus die „alten" Anforderungen an die Zukunftsbäume, die erhalten bleiben: Sie sollen Schatten spenden, resistent gegen viele „Schädlinge" und Krankheiten sein, dürfen nicht zu große Früchte tragen, die auf Autos fallen oder zu viel Arbeit beim Schneiden machen.

Der Baumkenner Roth geht oft durch die Stadt und beobachtet, welche Bäume schon jetzt Stress haben: der Spitz-Ahorn, dessen Kronenbereich ausdünnt, die Kastanie, die schon im August braun belaubt ist, und so mancher Jungbaum, der keine zwanzig Jahre alt wird – obwohl er das Potenzial hätte, mindestens doppelt so alt zu werden. Und so auch nicht die klimatischen Wunder vollbringen kann, die eigentlich in ihm stecken.

Nach dem Treffen mit Roth ergab sich schnell eine Idee: Wieso nicht die Bäume porträtieren, die die Straßen und Parks der Stadt zieren? Ausloten, welche Stadtbäume wirklich Zukunftspotenzial haben? Und wieso nicht ihre Geschichten erzählen – vom Geweihbaum, dessen Samen zu einem kaffeeähnlichen Getränk verarbeitet werden können. Oder den hitze- und trockenheitsresistenten Maulbeerbaum mit seinen süßen Früchten – und so unsere Pflanzenblindheit etwas überwinden? Ein Jahr lang erschienen diese Kurzporträts im Newsletter Falter Morgen, kuratiert von mir, geschrieben von Thomas Roth. Nun haben wir sie aktualisiert, verfeinert, Silvia Ungersböck hat sie mit schönster Feder gezeichnet – damit sie nun als Buch in Ihren Händen liegen können. Als Stadtlektüre, Spaziergangsanreger, Pflanzenbeziehungscoach.

Es gibt übrigens einen Erklärungsansatz dafür, dass wir das viele Grün nicht immer so leicht sehen oder unterscheiden können. Und das hat mit der Farbe selbst zu tun: Grün ist die häufigste Farbe auf diesem Planeten, Chlorophyll bedeckt 85 Prozent der eisfreien Landfläche, schreibt James Fox in „The World According to Colour".

"Of all the world's colours, none seem more natural than the greens of vegetation. We are so accustomed to greenery (...) being green that it is difficult to contemplate it being anything else. But this colour really makes no sense at all!"

Pflanzen sind grün, weil das Chlorophyllmolekül alle blauen und roten Wellenlängen des Lichts absorbiert und das Licht zwischen ihnen reflektiert. Aber wenn Pflanzen ja eigentlich evolviert sind, um aus Licht Energie zu machen, wieso weisen sie dann genau grünes Licht ab? Wissenschaftlerinnen und Wissenschaftler zerbrechen sich darüber seit Jahrhunderten den Kopf. Müssten Pflanzen nicht eigentlich schwarz sein, um am meisten davon zu absorbieren? Manche vermuten, dass sie Überhitzung vermeiden wollen oder mit Mikroorganismen konkurrieren, die von Licht leben.

Grün ist jedenfalls eine zutiefst menschliche Farbe. Es gibt Theorien, dass sogenannte Zäpfchenzellen in den Augen unserer Vorfahren deswegen entstanden sind, damit sie sich im grünen Geäst von Bäumen und Büschen besser orientieren können. Das, was wir im europäischen Raum als „grün" verstehen, ist also eigentlich ziemlich eingeschränkt.

Bei den Dani, einem indigenen Volk Neuguineas, werden Farben recht einfach benannt: Alle dunklen, kühlen

Töne heißen „mili“, alle warmen, hellen „mola“. Laut dem Anthropologen Brent Berlin und dem Linguisten Paul Kay entsteht ein Repertoire an Farbbezeichnungen mit der Sprachentwicklung einer Kultur, wie sie Ende der Sechzigerjahre schrieben. Zuerst werde zwischen hell und dunkel unterschieden. Als nächster Schritt komme immer das Wort für Rot dazu, dann das für Grün oder Gelb.

Aber wann wird der Name einer Farbe universell? Bei Grün- und Blautönen fällt die Unterscheidung oft nicht so leicht: In der persischen Poesie wird der Himmel häufig als grün beschrieben. Im Japanischen heißt „ao“ Grün oder Blau, je nach Situation. Und wo ordnen wir Türkis und Cyan ein? Berlin und Kay wurden für ihr lineares Modell kritisiert, denn womöglich bleiben Farbbezeichnungen relativ. In einem grün schattierten Regenwald dürfte es schwierig sein, etwas außer mili und mola zu sehen.

Wir hoffen also, Ihnen mit diesem Buch eine Brille an die Hand zu geben, die Ihren Horizont für Grünschattierungen erweitert. Denn: Man kann nur erhalten, was man kennt – und wahrnimmt.

Wien, am 15. Jänner 2025

Katharina Kropshofer,
Leiterin des Natur-Ressorts
der Wiener Wochenzeitung FALTER

GEBRAUCHSANLEITUNG: SCHAUEN SIE NACH OBEN!

„Natur ist unsichtbar“ (Lucius Burckhardt, 1989). Dennoch versucht dieses Buch, Stadtlandschaften durch ihre Naturausstattung lesbar zu machen. Der Blick soll sich auf die besonders großen Gewächse der Stadt richten, die Bäume. Die meisten Stadtbäume sind keineswegs zufällig an ihrem Standort gewachsen. Stadtgärtner haben sie gezielt ausgewählt, Pflanzgruben vorbereitet, hoffentlich sorgfältig gepflanzt und anschließend gepflegt. Durch regelmäßiges Schneiden und *Aufasten* werden sie so lange begleitet, bis sie eigenständig gedeihen können und nur noch minimale Eingriffe benötigen.

Wer aber genau hinsieht und ein Gespür für Gehölze entwickelt, erkennt schnell, dass die meisten Stadtbäume leiden. Ich bin kein Baumumarmer oder Baumflüsterer, der das feinstofflich erspürt. Auch als Dendrologe würde ich mich nicht aufspielen, dazu fehlt mir das Botanikstudium. Allerdings beschäftige ich mich seit meinem Studium der Landschaftsplanung mit Stadtvegetation. Und in den letzten Jahren vor allem mit Stadt- und Straßenbäumen.

Schon vor Jahrzehnten, als ich meinen Blick nach oben in die Kronen der Bäume richtete, fiel mir auf, dass heimische Klassiker wie Ahorn, Esche, Linde und Kastanie unter den zunehmend trockenen Frühlingen, heißen Sommern und ungewöhnlich warmen Herbsten leiden. Regnerische Erholung erfolgt meist nur mehr über Starkniederschläge und nicht über anhaltenden Landregen. Damit sind Niederschläge in der Vegetationsperiode kaum noch pflanzenverfügbar. Von Jahr zu Jahr werden die Auswirkungen des Klimawandels extremer und auch für uns Stadtmenschen spürbarer.

Die provokante Behauptung, dass das Wiener Stadtklima im Sommer der nächsten Jahrzehnte dem von Kairo ähneln wird, wurde zu Beginn bei meinen Vorträgen über Stadtbäume belächelt. Heute lacht kaum noch jemand über diese Aussage. Und trotzdem: Es gibt Bäume, die mit den Extremen der Stadt besser zurechtkommen, dem Stadtklima sozusagen besser gewachsen sind, als die vertrauten heimischen. Die meisten Stadtmenschen nehmen diese Baumarten jedoch nicht wahr, obwohl sie vor ihrer Haustüre stehen.

Dieses Buch soll dazu anregen, die Augen zu öffnen und das Sehen zu schulen, um Baumarten und Sortenunterschiede wahrzunehmen und sie eigenständig, mit oder ohne digitale Hilfsmittel, bestimmen zu können. Die Aufmerksamkeit wandert dabei nicht nur zu den Blättern, sondern schnuppert an den Blüten, beißt in die Früchte und streicht über die Rinden, um Bäume über das Sehen hinaus auch über den Geruch, den Geschmack und die Haptik zu erleben. Es ist bestimmt kein klassisches Bestimmungsbuch, das sie in den Händen halten. Vielmehr sollen die 50 Geschichten über 50 besondere Stadtbäume dazu anregen, zu jeder Jahreszeit rauszugehen, um den „Sound" der Gehölze mit allen Sinnen zu inspizieren und um mehr über sie zu erfahren, als gewöhnliche Baumbeschreibungen sonst bieten können. Schließlich sind Stadtbäume in ihrer Funktion als natürliche Klimaanlagen unverzichtbar für eine lebenswerte Stadt der Zukunft.

Also, raus auf die Straßen Wiens und in die Parks – Augen auf und immer einen Blick nach oben!

Thomas Roth

P.S. Für Barbara

MAGNOLIE

(Magnolia grandiflora)

Die eierlegende Wollmilchsau: Bäume für die Innere Stadt

Welcher Baum kommt mit den Herausforderungen einer asphaltierten Innenstadt am besten zurecht? Die Artenwahl ist für Gartengestalter und Landschaftsarchitektinnen eine der größten Herausforderungen. Ein einmal gepflanzter Baum soll mindestens fünfzig Jahre an seinem Standort leben können. Dass die falsche Baumart am falschen Standort gepflanzt wurde, fällt zunächst nicht auf, aber wenn die Bäume wachsen, wachsen die Fehler mit und das Dilemma macht sich bemerkbar.

Besonders im innerstädtischen Bereich, wo Bäume selten sind, braucht es Arten, die – richtig gepflanzt – alles können. Sie sollen Hitze- und Trockenstress aushalten und trotzdem frosthart sein. Sie sollen Streusalz vertragen, nicht wählerisch beim Boden und zu jeder Jahreszeit schön sein: mit Blüten, schönem Blatt und am besten immergrün; mit gefälligem, kompaktem Wuchs und möglichst fruchtlos, denn das Pflaster unter den Bäumen soll ja sauber bleiben. Vegane eierlegende Wollmilchsäue für *Dendrologen* sozusagen.

Bei Zimmerpflanzen würden wir jetzt am ehesten an den Gummibaum *(Ficus elastica)* denken. Der ist aber bei uns nicht ausreichend winterhart. Dem Gummibaum am nächsten kommt die aus dem südöstlichen Nordamerika stammende *immergrüne* **Magnolie** *(Magnolia grandiflora)*, die in innerstädtischen Bezir-

ADRESSE
Desider-Friedmann-Platz, Ecke Judengasse und Ecke Kärntner Straße, Weihburggasse, 1010 Wien

JJ Cale: Magnolia

Fantastisch und doch keine eierlegende Wollmilchsau: die Immergrüne Magnolie

ken an geschützten Standorten mittlerweile auch ausreichend frosthart ist.

Am Desider-Friedmann-Platz, Ecke Judengasse und vor dem Apple-Flagship-Store Ecke Kärntner Straße, Weihburggasse pflanzten die Stadtgärtner solche Magnolien. Manche Erwartungen haben sich aber doch nicht erfüllt. Auch *immergrüne Gehölze* verlieren

Blätter. Zwar bleiben diese im Winter am Baum haften, im Frühling aber werden einzelne der glänzenden, ledrigen, unterseits mit einem bräunlich-roten Filz ausgestatteten Blätter gelb und fallen ab. Auch die eiförmigen, zapfenartigen *Sammelfrüchte* fallen vereinzelt zu Boden, verschmutzen aber zum Glück den Belag darunter nicht. Dafür beginnen die Bäume ab Mai zu blühen.

Die 25 Zentimeter großen, reinweißen, einfachen Blüten mit ihrem herrlichen, intensiven Duft bilden einen schönen Kontrast zu den dominanten, glänzenden und ledrigen Blättern. Sie leuchten aber weniger stark, als zunächst zu vermuten wäre. Die Gewächse bevorzugen einen sonnigen bis maximal halbschattigen, windgeschützten Standort. Dies dürfte auf die oben erwähnten Plätze zutreffen.

Auch der *pyramidale Wuchs* mit der regelmäßigen, geschlossenen Krone spricht für die Standortwahl. Die Gehölze lassen sich außerdem gut schneiden und formieren, sollten sie doch zu groß für die schmale Weihburggasse sein. Ob die Baumartenwahl in der Inneren Stadt mit den großblütigen, immergrünen Magnolien die richtige war? Das wird sich in einigen Jahren zeigen. Aber der Wunsch nach einem perfekten Stadtbaum bleibt unerfüllt.

KIRSCHPFLAUME

(Prunus cerasifera)

Blut-Kirschpflaumen aus der Krim

Blut und Krim mitten in Wien. Nein, wir sprechen nicht von einer „Tatort“-Folge mit Russlandbezug, sondern von der **Kirschpflaume**, Myrobalane, Cherry plump, Türkische Pflaume oder botanisch *Prunus cerasifera* genannt. Die rotlaubige Ziersorte Nigra wird unter dem Namen Blutpflaume vermarktet. Sie ist eine Kreuzung aus Kirschpflaume mit verwandten Arten und stammt wie so viele hitze- und trockenheitsverträgliche Stadtbäume in Wien ursprünglich aus Südeuropa bis Kleinasien, dem Kaukasus und der Krim.

ADRESSE
Wurmsergasse, 1150 Wien

Pink Floyd (feat. Andriy Khlyvnyuk of BoomBox): Hey, Hey, Rise Up

Sie ist auch nicht der einzige Stadt- und Straßenbaum aus der Gegend dieser Halbinsel. Nach deren Annexion durch Russland im Jahr 2014 und dem Angriffskrieg auf die Ukraine im Februar 2022 sind sie uns noch näher gerückt. In Europa bauen *Arboristen* die Kirschart seit etwa 400 Jahren an. Sie blüht zeitig im Frühjahr, in manchen Jahren sogar schon Mitte März. Was für ein Spektakel der Hoffnung! Wenn auch nur für kurze Zeit.

Die Blütezeit der Kirschen ist im Allgemeinen recht kurz. Erst nach der Blüte entwickeln die Blutpflaumen im *Austrieb* rote Blätter, die sich später im Sommer dunkelpurpurrot verfärben. Wenn Insekten dann die zarten, rosa-weißen Blüten bestäubt haben, entwickeln sich daraus kleine Früchte, die aufgrund der dunklen Blätter schwer zu finden sind. Sie heben

Die symmetrischen, zartrosa Blüten der Kirschpflaume erscheinen kurz vor oder mit dem Blattaustrieb

sich farblich nämlich kaum von den dunklen Blättern der Blutpflaume ab und fruchten auch nur wenig.

Wer die Kirschpflaumen pflückt, gewinnt zumindest ein paar vitaminreiche, kleine Früchte, die optisch an jene Kirschen erinnern, die es im Supermarkt zu kaufen gibt. Das hat die Stadtregierung wohl nicht mitgedacht, als Wien in den 1970er-Jahren hauptsächlich die dunkellaubige Zierform als mehrstämmige Sträucher in Baumscheiben pflanzte, ohne zu bedenken, dass sie sich ungeschnitten vom Großstrauch zum Kleinbaum entwickeln – und damit irgendwann auch unter das Wiener Baumschutzgesetz fallen. Dieses schreibt vor, dass abgeschnittene Bäume nachgepflanzt werden müssen. Die Kirschpflaumen sind also nicht mehr so leicht aus dem Stadtbild zu entfernen. Auch wenn sich großwüchsigere Baumarten wesentlich besser auf das Kleinklima auswirken würden.

Großartig Schatten, wie etwa im 15. Bezirk auf der Schmelz, spenden sie wohl nie. Und die dunkle Färbung der Blätter im Sommer trägt auch nicht gerade zur Erhellung des Freiraums bei. Immerhin eine positive Eigenschaft haben die zierlichen Bäume: Sie überstehen kürzere Trockenzeiten gut.

Die längste Allee von Blutpflaumen, gemischt mit anderen Baumarten, befindet sich in Großjedlersdorf, in der Großbauerstraße. Hier kommen die Blüten und Blattfärbungen aufgrund der gemischten Bepflanzung wesentlich besser zur Geltung. Wer groß genug ist, kann die süßen und saftigen Früchte ernten, genießen und ein bisschen so tun, als wäre Wien weit weg vom Kriegsgeschehen.

SILBER-AHORN

(Acer saccharinum)

Wo der Wiener Ahornsirup fließt

Ahornbäume bluten stark, wenn sie zum Winterende und Frühlingsanfang geschnitten werden. Also noch bevor die Blätter austreiben. Der austretende Saft schmeckt vor allem beim Zucker-Ahorn *(Acer saccharum)* süßlich, nussig, ein wenig herb und wird durch Einkochen zu Sirup. Wer schon einmal ameri-

Leuchtende Herbstfärbung des Silber-Ahorns

ADRESSE
Auer-Welsbach-Park, 1150 Wien

Everlast: Fire Maple Song

kanische Pancakes auf klassische Art zubereitet hat, kennt das.

Um die Entdeckung dieses *Pflanzensafts* ranken sich viele Legenden. Die meisten haben mit amerikanischen Indigenen zu tun. Eine davon geht so: Der Chief der Irokesen, Woksis, soll seinen Tomahawk im Winter auf einen Ahornbaum geworfen haben. Als die Sonne am nächsten Tag den Stamm samt Pflanzensaft erwärmte, erntete seine Frau den Sirup und kochte Fleisch darin. Eine Offenbarung.

Exemplare des Zucker-Ahorns gibt es in Wien nur wenige, den nahe verwandten **Silber-Ahorn** *(Acer saccharinum)* pflanzte man häufiger als Zierbaum in Wiener Parkanlagen. Auch bei dieser Ahornart kann der *Blutungssaft* zu Ahornsirup verarbeitet werden. Einige ältere Exemplare stehen im Auer-Welsbach-Park, im 15. Bezirk. Bisher ist noch niemand auf die Idee gekommen, die Bäume dort anzuzapfen und sie bluten zu lassen. Auch nach dieser Lektüre würde ich Ihnen davon abraten! Obwohl: Ob dieses „Bluten" den Bäumen wirklich schadet, ist wissenschaftlich nicht eindeutig geklärt. Die meisten *Aboristen* raten aber dazu, Ahorne erst nach dem Blattaustrieb im Frühling zu schneiden. Es gibt verschiedene Zuchtsorten des Silber-Ahorns, meist mit tief eingeschnittenen Blättern, aber auch eine schmalwachsende Sorte (Pyramidales), die in Wien auf der Hütteldorfer Straße und der Michelbeuerngasse gepflanzt wurde.

Der meist mehrstämmige, rasch und säulenförmig wachsende Baum neigt im Alter dazu, brüchig zu werden, sodass er als Straßenbaum eigentlich ungeeignet

Die wunderbare, oft übersehene Blüte des Silber-Ahorns vor der Laubentfaltung

ist. Auch die oberflächlich liegenden Hauptwurzeln, die Pflasterbeläge leicht anheben, machen ihn in der Stadt nicht gerade beliebt.

Dabei wäre der Silber-Ahorn durch seine silbrige Blattunterseite (so erkennt man ihn übrigens auch) sehr trockenheitsresistent, *rauchhart* und stadtklimafest. Die leuchtend gelbe, auch orange bis weinrote Herbstfärbung ist nur auf sauren Böden ausgeprägt. Bei hohem Kalkgehalt – wie bei Wiener Stadtböden häufig der Fall – neigen sie zu *Chlorose* und bieten kein herbstliches Schauspiel. Die wunderschönen roten Blüten, die vor dem Laubaustrieb erscheinen, sind aber unabhängig vom pH-Wert des Bodens.

Dass die Bäume schon Anfang März, weit vor der Laubentfaltung, blühen, sieht man nur, wenn man genau hinschaut. Wer das tut, sieht die tiefroten, lang gestielten weiblichen Blüten – sie sind bezaubernd schön. Und wer doch die rote Herbstfärbung von Ahornen in Wien präferiert, legt sich am besten in den Schatten des 1870 gepflanzten Silber-Ahorns im Vogelweidpark und hört den „Fire Maple Song" der Band Everlast:

"Listen to your Grandma sing those country songs
She'd tell us how the maple turns to fire every four years
We'd lay in the grass all summer just to watch the
autumn come around."

BLÜTEN-KIRSCHE

(Prunus serrulata ‚Kanzan')

Sakura mit den Frühlingsköniginnen

Um nach Japan zu kommen, braucht es keine Flugscham, nur die Wiener Linien. An der Haltestelle Barawitzkagasse aussteigen, Richtung Hohe Warte gehen und den Setagayapark betreten. „Das Tor zur Ewigen Jugend", so steht es auf dem Steinmonument am Eingang, öffnet den Weg in den japanischen Vorort von Tokio, Setagaya, der durch eine Städtepartnerschaft mit Döbling eng verbunden ist. Der 1992 vom japanischen Landschaftsgärtner Ken Nakajima gestaltete Park zeigt die klassischen Elemente japanischer Gartenkultur in einer japanischen Landschaft, mit meh-

Gefüllte Blüten der Japanischen Blüten-Kirsche

reren durch Bäche verbundenen Teichen, einem Teehaus und Steinskulpturen.

Auch die Bepflanzung ist der japanischen Vegetation nachempfunden und zeigt japanische Ahorne, Azaleen, Magnolien und die charakteristischen Zierkirschen. Der Blütenzauber, in Japan „Sakura“ genannt, war nicht nur beim Wiener Stadtgartenamt lange Zeit beliebt. Die Zierwert wird durch die meist zartrosaweißen Blüten und nicht durch die Früchte definiert. Die Bäume tragen keine beziehungsweise nicht essbaren Früchte, dafür aber umso auffälligere, meist *gefüllte* Blüten.

ADRESSE
Setagayapark, 1190 Wien; Vorgartenstraße 50, 1200 Wien

Keno: Kirschblüten

Den Instagram-Post über das poetische Schauspiel der Vergänglichkeit eröffnet Ende März die **Frühe Zierkirsche ‚Accolade‘** *(Prunus subhirtella)* im oberen Teil des Parks. „O-Hanami“, rufen da die Japaner, geht es doch darum, die Blüten zu betrachten und darunter ein Picknick zu veranstalten. Flächendeckender, auf ganz Wien verstreut, findet sich die klassische Japanische Blüten-Kirsche *(Prunus serrulata ‚Kanzan‘)*, auch Nelken-Kirsche genannt. Die *kopfveredelten* Bäume waren lange Zeit beliebte Alleebäume entlang von Straßen. Der trichterförmig wachsende, später breit ausladende Baum blüht Ende April bis Anfang Mai mit stark auffallenden, rosa gefüllten Blüten – allerdings ohne Wert für Insekten. „Blütenmüll“ würde die Biene sagen.

Für Donauinsulaner bietet die Kirschenallee nahe der Jedleseer Brücke trotzdem eine Location zum Feiern: 1996 schenkte Japan der Stadt Wien einen Hain anlässlich des tausendjährigen Jubiläums Österreichs – ein Anlass, hier jedes Jahr ein Kirschblütenfest zu veranstalten. Durch den milden Frühling der letzten Jahre setzt der Blühzeitpunkt jedoch immer früher ein. Influencer und Hochzeitsfotografen aufgepasst! Dieser Trend erschwert nicht nur auf der Donauinsel, sondern auch in Japan und auf der ganzen Welt die Planung der wiederkehrenden traditionellen Festlichkeiten. Die Symbolkultur der Kirschblüte, die für die Vergänglichkeit und die Schönheit des Augenblicks steht, bekommt in Zeiten des Klimawandels somit eine neue Bedeutung. Zunehmend wird es den zerbrechlichen Zierkirschen in der Stadt zu heiß, weshalb diese

Japaner nicht mehr im Wiener Straßenbaumsortiment aufscheinen. Bei Ausfällen in Alleen werden sie aber weiterhin nachgepflanzt.

Wer ein älteres Exemplar bewundern möchte, begibt sich in den 20. Bezirk hinter die Integrative Lernwerkstatt Brigittenau. Dort wächst eine über 200 Zentimeter *stammstarke*, veredelte Blüten-Kirsche neben wilden, heimischen Vogelkirschen *(Prunus avium).* Die werden die japanischen Arten wahrscheinlich überleben, da sie Trockenheit und Hitze besser standhalten. Oft werde ich gefragt, warum in der Stadt nicht mehr veredelte Fruchtkirschen gepflanzt werden. Nun, das kennen wir ja schon von den Maulbeeren: Früchte sind in der Stadt nicht gern gesehen. Sie verschmutzen die Straßen und könnten die Wienerinnen und Wiener dazu verleiten, auf die Bäume zu klettern, um an die süßesten Kirschen zu kommen, die ja bekanntlich immer ganz oben hängen. Und das kann für Baum und Mensch schon auch mal schlecht ausgehen.

Vielleicht wäre es klug, sich nach weniger zerbrechlichen Alternativen umzusehen – wie der Felsen-Kirsche oder Steinweichsel *(Prunus mahaleb).* Die wird zwar gerade mal so groß wie ein Kleinbaum, wächst aber auf den trockensten und steinigsten Standorten. Und vor den wenigen herunterfallenden, ein Zentimeter großen, herb-bitter schmeckenden Früchten bräuchte sich auch niemand zu fürchten. Kirschblütenblätter dürfen auf den Asphalt fallen wie Konfetti im Karneval – das scheint jedenfalls niemanden zu stören.

FELD-ULME

(Ulmus minor)

XL-Bäume für den Michaelerplatz

Am Michaelerplatz herrschte in den vergangenen Jahren viel Aufregung rund um die Neugestaltung des Platzes mit Wasserspielen, Pflanztrögen und Bäumen. Vor allem die Beflanzung mit sogenannten XL-Bäumen sorgte für Aufregung (bis hin zu Schnappatmung) bei Architekturexpertinnen und -experten aus dem In- und Ausland.

ADRESSE
Johnstraße, 1150 Wien

David Bowie: Thru' These Architects Eyes

Die Visualisierung zeigte hoch *aufgeastete* Laubbäume in Pflanzbeeten mit Sitzgelegenheiten. Die Aussendung der Stadt Wien insinuierte, dass besonderes Augenmerk auf die Auswahl der Bäume gelegt wird. Für die Mitte des Platzes sind Blauglockenbäume (wohl eine Verbeugung vor Kaiser Franz Joseph und seinem Lieblingsbaum) vorgesehen, für den Bereich bei der Kirche St. Michael **Ulmen.**

Vor allem die Ulmen finde ich interessant, da sie derzeit die wohl am schnellsten wachsenden Bäume in der Stadt sind. Das war nicht immer so. Ulmen waren noch bis in die 1960er-Jahre die populärsten Stadtbäume Europas, bis sie von dem in ostasiatischen Ulmen lebenden Pilz Ophiostoma ulmi befallen wurden und innerhalb kürzester Zeit großflächig abstarben. Verbreitet wurde der Pilz durch den Ulmensplintkäfer *(Scolytus scolytus),* der zur Unterfamilie der Borkenkäfer gehört. Die befallenen Ulmen starben innerhalb kürzester Zeit an Wassermangel, da die *Leitungsbahnen* des Baumes verstopft wurden. Das sogenannte

Scheibenflieger: Früchte der Feld-Ulme

Ulmensterben führte dazu, dass diese Baumarten aus dem Wiener Stadtraum fast vollständig verschwunden sind. Nur ein paar überlebten die Krankheit. Diese alten Bäume zählen heute großteils zu den Naturdenkmälern der Stadt.

Meine Lieblings-Feld-Ulme *(Ulmus minor)* steht in der Burggasse, Ecke Kirchengasse. Sie hat laut Baumkataster einen Stammumfang von beachtlichen 270 Zentimetern, einen Kronendurchmesser von bis zu

18 Metern und wurde bereits 1915 gepflanzt. Erst in den letzten Jahren verwendete die Stadt wieder häufiger Ulmen als Straßenbäume, da es mittlerweile Ulmensorten auf dem Markt gibt, die immun gegen die Ulmenkrankheit sein sollen. Die geschützten RESISTA®-Sorten tragen die klingenden Namen Fiorente, New Horizon, Rebella, Rebona, Regal und Reverti. Manche Baumschulen versehen ihre Bäume sogar mit Mikrochips, um die Sortenechtheit zu belegen.

In Wien pflanzte man meist sehr erfolgreich die Sorte New Horizon. Die RESISTA®-Ulme wird wegen ihrer Vielseitigkeit und ihres raschen Wachstums angepriesen. Ich beobachte schon seit ihrer Pflanzung 2012 eine Ulme auf meinem „Schulweg" auf der Johnstraße. Sie hat einen beachtlichen Stammumfang von über 90 Zentimetern und übertrifft den danebenstehenden, 1992 gepflanzten, aber erkennbar schwächelnden Spitz-Ahorn mit einem Stammumfang von 52 Zentimetern bereits deutlich.

Aber zurück zum Michaelerplatz: Ich verstehe die Kritik, den historisch bedeutsamen Platz mit Pflanzbeeten und Wasserspielen vollzuräumen. Auch die Pflanzung teurer XL-Bäume ist bei so schnell wachsenden Bäumen schwer nachzuvollziehen. Warum aber hoch aufgeastete Ulmen die Urbanität aufheben und die Lesbarkeit des Platzes beeinträchtigen sollen, entzieht sich meinem Verständnis von städtischen Freiräumen. Oder ist es so, dass Architekten und Bäume in diesem Leben keine Freunde mehr werden?

JUDASBAUM

(Cercis siliquastrum)

Kapern vom Judasbaum im Alten AKH

Haben Sie schon mal von *Kauliflorie* gehört? Damit ist kein Verwandter des Karfiols (engl. cauliflower) gemeint, sondern die sogenannte *Stammblüte:* also Blüten, die aus verholzten Pflanzenteilen wachsen. Das ist eine Eigenart, die eher bei tropischen Pflanzenfamilien wie dem Kakao- oder Papayabaum zu finden ist.

ADRESSE
Altes AKH, zweiter Hof, 1090 Wien

Beatles: Hey Jude

Dass es auch in den gemäßigten Breiten, also bei uns, spektakuläre Beispiele für Stammblütigkeit gibt, ist weniger bekannt. Noch weniger, dass dieses Spektakel mitten im Frühling und mitten in Wien zu beobachten ist: Der **Judasbaum** *(Cercis siliquastrum)* treibt prächtige rosa Blüten in kompakten Büscheln direkt aus der Rinde. Der aus Südeuropa stammende Großstrauch wächst am besten auf sonnigen, geschützten, warmen Standorten und verträgt große Hitze und Trockenheit. Junge Exemplare sind empfindlich gegen Frost, aber im ausgewachsenen Zustand schaden ihnen Kälteperioden kaum. Das macht sie mit Blick auf die Klimaprognosen, also mehr Hitzetage und Tropennächte, für Wien besonders interessant.

Der Vorteil der Kauliflorie? Dass auch kriechende Insekten (und sogar Fledermäuse) zu den Blüten gelangen und sie so leichter bestäuben können. Das ist jedoch nur in den Tropen von Bedeutung. Bei uns bestäuben den Judasbaum, wie die meisten bekannten Blütengehölze in Wien, vorwiegend Bienen. Mit der Stammblütigkeit geht auch häufig die *Stammfruchtigkeit* ein-

Kauliflorie: Blütenbüscheln am Stamm des Judasbaumes

her. Beim Cercis erscheinen ab September dekorative, braune Hülsenfrüchte, die – und jetzt kommt's – als essbar gelten. Bei empfindlichen Personen können sie aber Übelkeit hervorrufen. Dann doch lieber die Blüten probieren. Die schmecken nämlich roh im Salat, die Blütenknospen eingelegt sogar wie Kapern!

Zum Verkosten gibt es einige Bäume in Wien. Der älteste steht vermutlich im zweiten Hof des Alten AKH, gepflanzt mit der Errichtung der Universitätsinstitute im 18. Jahrhundert. Die jüngsten finden Interessierte in den Bauminseln am Neuen Markt, neben den schon groß gepflanzten XL-Platanen. Meine liebsten Exemplare stehen allerdings in der Thomas-Münzer-Gasse unweit des Wienerbergs im 10. Bezirk. Der älteste der sechs Bäume auf dem kleinen Anger wurde laut Baumkataster in den 1970er-Jahren gepflanzt. Aber übertreiben Sie es nicht beim Sammeln der Blütenknospen! Denn dann versäumen Sie das schöne Schauspiel der Kauliflorie.

Übrigens: Darüber, woher der Judasbaum seinen deutschen Namen hat, hält sich hartnäckig eine Legende: Judas soll sich an einem derartigen Baum erhängt haben. Solche Gerüchte sind schwer zu beweisen. Einleuchtender ist die Herkunft aus dem Französischen. Dort heißt der Baum nämlich „Arbre de Judée“, was soviel bedeutet wie „Baum aus Judäa“.

BLAUGLOCKENBAUM

(Paulownia tomentosa)

Blau blühende Weltrekordbäume

Waren Sie schon mal im Baumarkt und haben Regalbretter gekauft? Wenn ja, ist Ihnen dabei vielleicht aufgefallen, wie leicht diese mittlerweile sind. Haben Sie dann nachgeschaut, woher das Holz kommt und „China“ gelesen? Dann hatten Sie wohl Leimholzplatten aus Paulownien in der Hand. Dass die sogenannten Kiri-Bäume, auf Deutsch auch **Chinesischer Blauglockenbaum** genannt, auch mitten in Wien wachsen, wissen viele jedoch nicht.

Im Winter tragen sie weder Blätter noch Blüten, sind also unauffällig und am leichtesten durch ihre *lang anhaftenden,* nussförmigen *Kapselfrüchte* zu erkennen. An Standorten mit wenig Umgebungsgeräuschen kann man bei genauem Hinhören das Klappern der leeren Samenstände im Wind wahrnehmen. Erst wenn sie – meist Ende April – zu blühen beginnen, beeindrucken sie wirklich: Sind sie doch die einzigen blau blühenden Bäume, die in Wien auch ausreichend winterhart sind.

ADRESSE
Mölker Steig, 1010 Wien; Selzergasse, 1150 Wien

Douglas Thomas: Paulownia

Leider verlieren die Paulownien in Wien bei sehr tiefen Wintertemperaturen leicht ihre behaarten, hellbraunen Blütenknospen und die tolle Show im Frühling ist abgesagt. Wenn der Winter mild war und die schönen, großen, pelzigen Endknospen überleben, bieten sie eine Blütenpracht, die auch schon Kaiser Franz Joseph I. beeindruckt haben soll. Er erklärte den Blauglockenbaum sogar zu seinem Lieblingsbaum und ließ ihn in der gesamten Monarchie auspflanzen.

Ihn haben wohl die in aufrechten *Rispen* wachsenden, blauvioletten Blütenglocken beeindruckt, die an die Blüten des extrem giftigen Fingerhuts erinnern. Beim Blauglockenbaum ist die Gefahr einer Vergiftung gering. Die Blütenknospen können zur Dekoration von Speisen verwendet, die Blätter zu Tee verarbeitet werden. Nur die Kapselfrüchte sind ungenießbar und sogar leicht giftig. Erst nach der Blüte erscheinen die beeindruckend großen, meist herzförmigen Laubblätter, die bei *Stockausschlägen* oder nach stärkerem Rückschnitt sogar bis zu einem Meter groß werden können. Auch ihr Wuchsverhalten ist vor allem in den ersten Jahren

Kegelförmiger Rispenblütenstand des Blauglockenbaumes

rekordverdächtig. So können spezielle Sorten in Plantagen über zwei Meter im Jahr an Zuwachs liefern.

Und in Wien? Da findet man Blauglockenbäume nicht nur in den ehemaligen Gärten der Habsburger, sondern auch als Straßenbäume. Wer zum Beispiel vom Mölker Steig im 1. Bezirk Richtung Schottengasse geht, stößt auf große, mehr als achtzig Jahre alte Blauglockenbäume und kann die Blüten von der Stiege aus bewundern. In der Selzergasse hinter der Rudolfsheimer Kirche fühlt man sich fast wie in Johannesburg in den berühmten Jacaranda-Alleen. Auch in den meisten Wiener Parks lassen sich Blauglockenbäume finden. Nur dürfen wir eines nicht vergessen: Ihre *invasive*, also *neophytische* Ausbreitung. So versamen sich die Paulownien in der ganzen Stadt und keimen in den kleinsten Ritzen ähnlich wie Götterbäume. In der Schweiz hat die Regierung den Blauglockenbaum deshalb schon auf die Liste der potenziell invasiven, gebietsfremden Arten gesetzt.

Als Weltrekordbaum sollten wir ihn wohl auch in Wien genauer beobachten. Denn weil er so schnell wächst und Trockenheit gut verträgt, ist er auf vielen Listen der Zukunftsbäume für mitteleuropäische Städte zu finden. Allein deshalb müssen wir uns darüber unterhalten, was wir als „invasiv" ansehen und was als nützlich.

ZIERBIRNE

(Pyrus calleryana)

Der Überlebensbaum in Wien

Es ist ja nicht so, dass wir keine einheimischen Bäume für die Stadt hätten. Und trotzdem finden wir in Wien viele Bäume aus dem Nahen Osten, Nordamerika und China. Es geht dabei nicht um einen patriotischen Vorteil, sondern darum, dass heimische Bäume auch in heimische Ökosysteme passen. Und eingeführte Arten oft invasiv sind, also heimische Arten bedrohen. Sie sind oft die konkurrenzstärksten unter den Stadtbaumarten und setzen sich auch an den schwierigsten Standorten durch. Und davon gibt es viele in der Stadt.

Stadtgärtner pflanzten hier schon in den 1990er-Jahren die **Chinesische Birne** *(Pyrus calleryana)* als schmalkronigen Straßenbaum. Bevorzugt Sorten mit den schönen Namen Aristocrat, Chanticleer und Redspire, die meist keine Früchte tragen und auch nicht bruchanfällig sind. Wenn die Gärtner diese *sortenrein* auspflanzen, besteht auch kein Grund zur Sorge. Sobald sich jedoch verschiedene Sorten gegenseitig befruchten und die Früchte und somit die Samen über Vögel verbreitet werden, könnte das eintreten, was in den USA ab den späten 1990er-Jahren geschehen ist: Die Wildbirnensämlinge wuchsen dort unentdeckt an den Straßenrändern und breiteten sich in die angrenzenden Waldränder, Feuchtgebiete und sogar innerhalb der Wälder aus. Sie setzten sich oft gegen heimische Arten durch und haben die Eigenschaft, mit den unterschied-

ADRESSE
Christine-Touaillon-Straße, 1220 Wien

JoAnne Spiess: Survivor Tree

Unverwüstliche Chinesische Zierbirne

lichsten Bodenansprüchen problemlos zurechtzukommen. So bildeten sie teilweise *Reinbestände* und verdrängten die lokale Vegetation.

In Wien ist es noch ruhig um die Zierbirnen. Anfang April verblühen sie meist schon wieder. Zum Glück, möchte man meinen, denn die nächste Hiobsbotschaft lautet, dass die Blüten nach faulem Fisch riechen. bestäubt werden sie nicht von Bienen, sondern von Fliegen, die diesen Fischgeruch anscheinend lieber mögen. Nach der Blüte ist die Zierbirne ein kompakter, unauffälliger, aber sehr robuster und trockenresistenter Stadtbaum, der anfangs mittelschnell wächst, jedoch maximal 15 Meter hoch wird und eher schmal bleibt. Das Laub hält sich bis in den Spätherbst am Baum und färbt sich meist weinrot bis purpurfarben.

Noch habe ich eher selten Früchte entdeckt, aber ich bleibe wachsam. Denn in den vergangenen Jahren pflanzten die Wiener Stadtgärtner mehr als 1300 Zierbirnen nach. Die längste Allee mit der Sorte „Aristocrat“ wächst in der Christine-Touaillon-Straße in der Seestadt, unweit der Lobau. Dass diese Birnen robust sind, haben sie auch nach dem 11. September 2001 bewiesen. Nach dem Einsturz der Zwillingstürme des World Trade Centers in New York City barg man aus den Trümmern einen schwer verbrannten Birnbaum und zog ihn in einer örtlichen Baumschule wieder hoch. Als Symbol der Widerstandsfähigkeit pflanzten Zuständige ihn im Gedenkpark am Ground Zero. Dort steht er symbolträchtig unter dem Namen „Survivor Tree“.

ROBINIE

(Robinia pseudoacacia)

Honigduft und Liebesrauschen

Sie kennen das sicher: Man geht oder radelt durch die Straßen und wendet plötzlich den Kopf – Nase voran. Falls Sie ein feines Geruchsorgan haben, dann hat es Ihnen bestimmt mitgeteilt, dass es nach Bergamotte riecht. Hier duften aber keine Zitronen, sondern die Blüten der Robinien. Sie erfüllen die Straßen und Parks, in denen sie gepflanzt wurden, mit einem Hauch von Honig und Liebe. Endlich mal eine gute Nachricht!

ADRESSE
Rosasgasse, 1120 Wien

Danger Dan: Eine gute Nachricht

Mit einem Haken: **Robinia pseudoacacia** oder die Akazie (in Niederösterreich „Agatsie" ausgesprochen), wie sie landläufig genannt wird, ist ein *invasiver Neophyt,* wie er im Buche steht. Robinien breiten sich in den Donauauen und auf seltenen *Trockenrasen* aus, bilden mit ihren *Ausläufern Reinbestände* und verdrängen die ursprünglich heimische Vegetation. Sie schaffen es, als *Schmetterlingsblütler* mit ihren *Knöllchenbakterien* ihren Standort zu verbessern und alle anderen Arten zu verdrängen. So sind sie, die Neophyten, die auch noch invasiv werden.

Doch die Pseudoakazie ist nicht ganz neu bei uns. Irgendwer hat sie schon im 17. Jahrhundert aus dem Osten der USA nach Europa gebracht. Ich frage mich, wie lange es noch dauern wird, bis sie als heimisch anerkannt wird. Neben ihrem Blütenduft, der auch die Bienen anlockt und einen ausgezeichneten Honig ergibt, hat sie noch andere auffallende Eigenschaften: Die Blüten sind essbar und lassen sich wie Holunderblü-

Duftender Traubenblütenstand der Robinie

ten herausbacken oder zu Sirup verarbeiten. Ihr Holz ist außergewöhnlich hart und verwittert im Boden nur sehr langsam, sodass sich daraus langlebige Zaunsteher oder Spalierpfähle für den Weinbau herstellen lassen.

Ein paar unerwünschte Eigenschaften gibt es neben dem *invasiven* Verhalten aber doch: Die Robinie hat besonders an den jungen Trieben wehrhafte Dornen und alle Teile außer der Blüte sind giftig. Wer sie isst, darf mit Übelkeit und Erbrechen rechnen.

Aber alle Zweifel beiseite: Was spricht dagegen, die Robinie als Straßenbaum in innerstädtischen Bezirken zu verwenden, wo sie sich nicht ausbreiten kann? Sie wächst schnell, verträgt Hitze und Trockenheit hervorragend und kommt mit den schlechten Bodenverhältnissen der Stadtböden super zurecht. Sie kann ihren eigenen Standort im Wurzelraum von allein verbessern und braucht dazu keine zusätzlichen Nährstofflieferanten, sprich Dünger.

Lediglich die Pflanzung von Robinien hinter dem Technischen Museum mit der angrenzenden Westbahntrasse war wohl nicht klug gewählt. Auf der angrenzenden Böschung kann sie hervorragend verwildern und macht das, was sie kann: sich ausbreiten und den Standort dominieren. Die Robinie als blütenlose Kugelsorte Umbraculifera oder als zierliche blütenarme Selektion Bessoniana zu pflanzen, ist auch keine gute Idee.

Die Wahl ist der Zeit geschuldet, in der sich Stadtgärtner den pflegeunaufwendigsten Baum gewünscht haben, den sie, einmal gepflanzt, nie wieder schneiden müssen. Leider werden diese Kugelbäume weder groß, noch kann man sie entsprechend *aufasten,* um das notwendige *Lichtraumprofil* herzustellen. Auch ihr Schatten hält sich in Grenzen, weswegen ich entweder die reine Art oder die unaussprechliche ungarische Sorte Nyirségi empfehle.

Die schönste Robinienallee, die ich kenne, steht leider nicht in Wien, sondern in der Dufourstrasse in Zürich. Hier beschattet die Baumreihe den gesamten Straßenquerschnitt und macht das, was ich mir von Straßenbäumen wünsche. Wer nicht nach Zürich fahren will, kann sich ja in den kurzen, autobefreiten Abschnitt der Rosasgasse im 12. Bezirk setzen. Dort blühen manchmal schon Ende April die Robinien und verströmen ihren verführerischen Honigduft. Dazu die Augen zur „Guten Nachricht" von Danger Dan schließen – dann stellt sich das Liebesrauschen wie von selbst ein.

MAULBEERBAUM

(Morus alba)

Maulbeerbäume am Brillantengrund

Alljährlich tauchen sie wieder auf: die schwarzen Flecken auf dem Gehsteig, die verlässlich im Frühling die Stadt zieren. Das nächste Mal, wenn Sie sie beobachten, richten Sie Ihren Blick am besten nach oben – denn Sie stehen vermutlich unter einem **Weißen Maulbeerbaum.** Was Sie jetzt vielleicht entzücken wird, ist für die MA 48, zuständig für Abfallwirtschaft und Straßenreinigung, ein Ärgernis. Denn die Flecken der süßlich, aber etwas fade schmeckenden Maulbeeren hinterlassen sehr hartnäckige schwarze Punkte auf dem Pflaster, die nur schwer zu entfernen sind.

Da die Maulbeeren im reifen Zustand schwarz sind, werden sie oft fälschlicherweise als Schwarze Maulbeeren bezeichnet. Aus botanischer Sicht ist dies jedoch falsch. Die meisten in Wien gepflanzten Maulbeeren gehören zur Art *Morus alba*, also zur Weißen Maulbeere. Anfangs sind diese weiß, dann rosa und schließlich (ärgerlich) schwarz. Aber es gibt sie auch, die echte Schwarze Maulbeere, *Morus nigra*. Diese wird von Stadtgärtnern wesentlich seltener ausgepflanzt, immerhin ist sie nicht ganz winterhart und gedeiht nur in begünstigten Lagen gut.

ADRESSE
Brillantengrund, 1070 Wien; Rossauer Brücke, 1090 Wien

The Human League: Being Boiled

Die aus China stammende *Morus alba* gelangte – Nomen est omen – über die Seidenstraße nach Europa und wurde nicht wegen der Früchte, sondern zur Seidenraupenzucht angepflanzt. Die glänzenden, sehr unterschiedlich geformten, gelappten oder ungeteilten Blätter (man nennt das *Blattdimorphismus)* sind das Lieblingsfutter dieser Insekten mit dem schönen Namen Bombyx mori. Aus dem Kokon der Raupen kann ein bis zu einem Kilometer langer Seidenfaden gesponnen werden. Die Seidenproduktion war in Wien Ende des 18. Jahrhunderts ein beliebtes Gewerbe. Selbst der Name „Brillantengrund“ hat damit zu tun: Er stand für die ehemaligen Vorstädte Neubau und Schottenfeld und geht auf die florierende Seidenverarbeitung zurück.

Deswegen finden wir heute noch in zahlreichen Innenhöfen alte Maulbeerbäume. Auch in öffentli-

Brombeerartige Früchte des weißen Maulbeerbaumes: von weiß zu rosa und rötlich bis schwarz

chen Parks und an Straßen pflanzten Gärtner damals die Weiße Maulbeere. Allerdings sind aus den inneren Bezirken die meisten fruchtenden Maulbeeren wohl wegen der Fleckenproblematik verschwunden. Einer meiner Lieblingsmaulbeeren wächst nicht in Neubau, sondern gleich neben der Rossauer Brücke. Den Baum pflanzte man zwar am Donaukanalufer, seine Früchte konnten früher auch bequem von der Brücke aus geerntet werden. Die Spuren der herabgefallenen Früchte waren dann auf dem Gehsteig meist Anfang Juni auf der rechten Seite Richtung Augarten gut lesbar. Leider wurde der Baum so stark gestutzt, dass ein komfortables Pflücken heute nicht mehr möglich ist.

Dass Maulbeeren äußerst hitze- und trockenheitsresistent sind, bringt sie als zukünftige Straßenbäume ins Spiel. Die zuständigen Magistratsämter sind aber von den herabfallenden Früchten weit weniger begeistert – irgendwie verständlich. Dass es jetzt eine fruchtlose Sorte am Markt gibt und in der Wiener Seestadt auch schon ausprobiert wird, könnte ein Kompromiss sein. In Parks sollten weiterhin fruchtende Exemplare gepflanzt werden, vor allem Sorten, die im Geschmack nicht nur süßlich, sondern wirklich schmackhaft süß schmecken und wesentlich großfruchtiger sind als die Früchte der gewöhnlichen Art! Denn auch das gibt es.

Die Seidenproduktion wird in Wien wohl kein Thema mehr werden. Die Band Human League forderte schon in den 1980ern in ihrem New-Wave-Song „Being Boiled“: „Stop the sericulture“ (Seidenraupenzucht). Am Brillantengrund hat sich das bereits durchgesetzt.

TASCHENTUCHBAUM

(Davidia involucrata)

Die Dramaqueen von Wien

Es ist zum Weinen. Menschengemachte Faktoren wie Lebensraumzerstörung, Umweltverschmutzung und Klimawandel sind Gründe, dass die Aussterberate der Pflanzenarten um das 500-Fache über der natürlichen Rate ohne menschlichen Einfluss liegt. Wahrgenommen wird der Umstand nur von wenigen. Die meisten können auf Anhieb ein Säugetier oder einen Vogel nennen, der vom Aussterben bedroht ist, bei Pflanzen schaut es da schon anders aus. Wer merkt schon, dass auch exotische Pflanzen aus anderen Kontinenten in Wien durch die sich rasant verändernden klimatischen Bedingungen stark gefährdet sind oder sogar vollständig verschwinden könnten?

Der **Taschentuchbaum** *(Davidia involucrata)*, auch Taubenbaum (in England „Ghost Tree" oder „Handkerchief Tree" genannt), ist so einer. Quasi die Dramaqueen unter den Bäumen. In Westchina in Mischwäldern im Gebirge Hupeh und Sichuan auf sehr kleinem Areal wachsend, liebt er nährstoffreiche, nicht zu trockene Böden. Und dementsprechend auch nicht zu heiße Sommermonate und vor allem als Jungbaum nicht zu kalte Winter.

ADRESSE
Mollgasse 13, 1180 Wien; Grünbergstraße 24, 1130 Wien

Queen: Dragon Attack

Das mit den milderen Wintertemperaturen bekommen wir dank menschgemachtem Klimawandel hin in Wien, aber bei den Sommermonaten schaut es für den Taubenbaum zunehmend schlechter aus. Die Aufmerksamkeitsliebhaberin verschwindet unsicht-

Dramatik pur: Cremeweiße taschentuchartige Hochblätter umgeben die Blüte des Taubenbaumes

bar, ohne großes Aufsehen. Noch einmal winken ihre im Frühling zwischen April und Juni erscheinenden, auffälligen weißen Hochblätter, die die *Blütenstände* umgeben, leise zum Abschied. Dann hängen sie wie schwebende, im Wind tanzende Taschentücher am Baum. Schluchz. Bis die Diva erstmals zu blühen beginnt, braucht sie im Schnitt etwa zehn bis 15 Jahre. Dann aber wird jede Blüte zur Hauptdarstellerin.

Im Herbst trennt sich der Baum glamourös mit einer goldgelben Herbstfärbung von seinen dekorativen, lindenblattähnlichen Laubblättern. Am Taubenbaum bleiben die grünlich- oder rötlich-hellbraun oder grün-rötlich ausgefärbten, bis zu vier Zentimeter runden, nussartigen, für den menschlichen Verzehr leider ungeeigneten *Steinfrüchte*, und die perfekt glatten, braunen Knospen.

Noch gibt es ein paar schöne Glamourköniginnen in Wien zu bewundern. Eine sogar mit Blüte zu jeder Jahreszeit. Die Künstlerin ist auf Google Maps Street View verewigt und hat ihren Platz im Währinger Park. Am besten finden Sie sie bei einem virtuellen Spaziergang durch die Mollgasse. Der blühende Baum steht gegenüber der Hausnummer 13. Und natürlich gibt es noch „meine“ Primadonna im Schulgarten der Gartenbauschule Schönbrunn. Aber auch der in den 1950er-Jahren gepflanzte Baum leidet unter der Sommerhitze und den zu trockenen Böden und wird von Jahr zu Jahr kleiner statt größer.

Und so kommen die Taubenbäume still und leise unserer Stadt abhanden, ohne dass es jemand wirklich bemerkt. Kein Protest, keine Rettungskampagne, keine Umarmung zum Schluss, nur ein letztes Winken mit seinen weißen Hochblättern, bevor er stirbt.

P.S.: Es darf geweint werden.

GÖTTERBAUM

(Ailanthus altissima)

Gettopalmen auf Stadtbrachen

Ich muss beichten. Ich glaube an den **Götterbaum**; als zukunftsfähigen Stadtbaum wohlgemerkt.

Der Götterbaum ist, als *invasiver Neophyt,* für viele Naturschützer der Gottseibeiuns der Laubgehölze. Ich empfehle auch noch Robinien und Blauglockenbäume in der Stadt. Stellt mich doch an den Naturschutzpranger! Denn ich weiß natürlich, wie heftig sich diese Pflanzen ausbreiten. Alles verbieten und auf die schwarze Liste setzen, lautet da meist das schnelle Rezept der Kollegenschaft. Dabei sind es doch gerade diese invasiven Gewächse, die mit den Bedingungen in der Stadt am besten zurechtkommen.

ADRESSE
Kendlerstraße, Ecke Steinbruchstraße, 1150 Wien

Ernst Molden: Wuazln

Auch am innerstädtischen Michaelerplatz ist die Diskussion um die Baumartenwahl neu entbrannt. Der dort vorgeschlagene Blauglockenbaum ist nicht nur schnellwüchsig, sondern verhält sich auch invasiv. In der Diskussion über die Baumpflanzung an einem so geschichtsträchtigen Ort wurde immer wieder der Vergleich mit Brüssel und dem Grande-Place gezogen. Dort seien Bäume undenkbar, so die Argumentation. Interessanterweise wachsen gleich auf dem Platz nebenan, rund um den Charles-Buls-Springbrunnen, Götterbäume, die diesen prägen und für ein angenehmes Kleinklima sorgen.

Ailanthus altissima, so seine botanische Bezeichnung, ist schnellwüchsig und anspruchslos. Durch sein starkes Wachstum von bis zu vier Metern im Jugend-

Massenhaft auftretende geflügelte Nussfrüchte des Götterbaumes

stadium wächst er quasi beschwingt zu den Göttern hinauf. Von daher sein deutscher Name, war doch sein Ruf beim Import der ersten Pflanzen im 18. Jahrhundert aus China sicher besser. Ursprünglich als erste Alleen-Bepflanzung für die Ringstraße vorgesehen, wurde er durch heimische Linden ersetzt, da die Auspflanzung aufgrund der kalten Wintertemperaturen um die Jahrhundertwende scheiterte. Einzig ein im Jahr 1878 gepflanzter, mittlerweile riesiger Götterbaum im Stadtpark überlebte und steht als Zeugnis für die Wüchsigkeit dieser Gewächse. Er ist auch wohl einer der wenigen bewusst gepflanzten Götterbäume der Stadt.

Erst nach dem Zweiten Weltkrieg verbreiteten sich Götterbäume rasant auf den Schutthalden der Stadt. Mit der zunehmenden Erwärmung in den Hitzeinseln keimten die frostempfindlichen Bäume aus den kleinsten Ritzen. Durch sein vermehrtes Auftreten in Baulücken auf Spekulationsgrundstücken in den Vorstädten bekam der Götterbaum auch seinen Spitznamen: Gettopalme. Sein junger *Austrieb* mit den großen gefiederten Blättern erinnert eben an Palmen.

Einfach umschneiden hat jedoch den gegenteiligen Effekt, treiben die Bäume dadurch nur noch stärker aus. Durch sein starkes Wachstum wächst er sogar vor manchen Stadtgärtnern ungesehen, fällt aber schon nach ein paar Jahren unter das Wiener Baumschutzgesetz. Wie im 15. Bezirk auf der Kendlerstraße. Der Straßenbaum wurde laut Baumkataster „übersehen" (nicht gepflanzt). Im Jahre 1997 eingetragen, hat er mittlerweile einen beachtlichen Stammumfang von 207 Zentimetern und eine Höhe von fast 20 Metern.

Der wohl bekannteste Götterbaum von Wien steht im Zentrum der Stadt, gleich beim Stephansdom neben dem Eingang zum Südturm. Dass dieses blühende Exemplar von Bienen beflogen wird, kann ich aus eigenen Beobachtungen bestätigen. Und auch der Domimker (bitte genau lesen, nicht Dominikaner) der Kirche St. Stephan hat mir bestätigt, dass sein Honig aus einem beträchtlichen Anteil aus Götterbaumblütennektar besteht.

Auf Ernst Moldens LP „schdrom", die er selbst als Bildungsauftragsarbeit in Sachen Nationalpark Donau-Auen bezeichnet, wird der „Götterbam" neben „Weidenbam" und Pappeln auch besungen. Zu Recht! Am besten, wir lassen ein paar einfach so in den Himmel wachsen. Wenn sie unter das Wiener Baumschutzgesetz fallen, werden wir sie dann eh nicht mehr los.

TAMARISKE

(Tamarix tetrandra)

Stadtgärtner mit Meeressehnsucht

Das Warten auf die Straßenbahn weckt per se keine besonders große Sehnsucht nach der weiten Welt. Außer vielleicht an Haltestellen, die mit besonderen Gehölzen Fernweh bei baumaffinen Menschen auslösen. Der Parkring ist so eine Station. Hier stehen zehnjährige **Tamarisken** und jedes Mal, wenn ich hier warte, überkommt mich die Lust, alles hinzuschmeißen und spontan nach Griechenland zu reisen. Denn dort werden Tamarisken bevorzugt als Schattenbäume in Gastgärten von Tavernen am Meer gepflanzt. Zwar steige ich dann doch immer in den 2er-Wagen und fahre gerade mal bis zur Wattgasse, aber das kurze Gefühl von Strand, Meer und griechischer Taverne bleibt bestehen.

Dass gerade am Ring Tamarisken gepflanzt wurden, entspringt wohl eher einer Laune der Wiener Stadtgärtner (vielleicht hatten sie auch Meeressehnsucht?) als einer lang überlegten Baumartenwahl. Die Laubbäume zählen weder zu den bevorzugten Straßenbäumen, noch sind sie in Listen von Zukunftsbaumarten für Städte zu finden. Auch erreichen sie an Straßenstandorten kein adäquates Alter und werden deswegen hier nicht zu besonders geeigneten Schattenspendern. Dabei wären sie *Tiefwurzler* und könnten mit ihren Wurzeln Grundwasser erreichen und so längere Trockenphasen überstehen.

ADRESSE
Parkring, 1010 Wien

Mikis Theodorakis: Zorba's Dance

Die wahrscheinlichste Begründung für die Baumwahl hat mit der außergewöhnlichen Eigenschaft der Tamarisken zu tun: Über Drüsen in ihren kleinen schuppenförmigen Blättern können die Bäume Salz absondern. Vielleicht dachten sich die Stadtgärtner, dass besonders im Haltestellenbereich eher zu viel als zu wenig Salz zum Einsatz kommt. Die Tamarisken würden das aushalten.

Vergeblich sucht man übrigens in der Tamariskengasse im 22. Bezirk nach ihnen. Interessanterweise finden sich aber in Kindertagesheimen der MA 10 einige. Unklar ist aber, von welcher Art sie sind – im Baumkataster steht das unspezifische „Tamarix spec.". Das „spec." steht für Spezies.

Traubenartige Blütenstände entlang
von Zweigen der Viermännigen Tamariske

Die am Ring gepflanzten Tamarisken sind jedenfalls sogenannte **Viermännige Tamarisken** *(Tamarix tetrandra)*. Sie stammen aus Südosteuropa, sind aber bei uns ausreichend winterhart. Sie beeindrucken von Mai bis Juni mit sehr schönen, zarten Blüten in Rosa. Die speziellen, besonders auffälligen und ungewöhnlich schuppenartigen Laubblätter in Grün-Grau entsprechen keinem gewöhnlichen Blatt, sondern haben Ähnlichkeit mit Heidekraut.

Seit der Antike stehen Tamarisken für Lebenskraft und Unvergänglichkeit. Ich bin jedenfalls gespannt, wie lange die Bäume in Wien an den Haltestellen überleben.

BLASENESCHE

(Koelreuteria paniculata)

Blaseneschen sind keine Eschen

Manchmal ist die Stadt gelb. Um zu wissen, welche Bäume dafür verantwortlich sind, brauchen Sie keinen *Dendrologen*. Denn in Wien wird es sich dabei ziemlich sicher um den Blasenbaum handeln, besser bekannt unter dem Namen **Blasenesche** *(Koelreuteria paniculata)*. Die Straßen- und Parkbäume blühen Mitte Juni in aufrechten *Rispen* – und sind die einzigen gelben um diese Jahreszeit.

ADRESSE
Laurentiusplatz, 1150 Wien

Coldplay: Yellow

Eines vorweg: Dieser Baum hat botanisch nichts mit Eschen zu tun. Er gehört zur Familie der Seifenbaumgewächse *(Sapindaceae)*, unter die Fachleute neuerdings auch unsere Ahorne und die Rosskastanien einreihen. Die Botanik macht es uns hier nicht leicht. Mit Äußerlichkeiten gibt sich die botanische Klassifizierung nämlich schon lange nicht mehr zufrieden. Gemeinsam sind den Seifenbaumgewächsen nicht die Blüten und nicht die Blätter, sondern der reiche Gehalt an *Saponinen*, Stoffen, die zur Herstellung von Seife verwendet werden.

Ursprünglich stammen die Bäume aus China, wurden aber schon Mitte des 18. Jahrhunderts in Mitteleuropa eingebürgert und haben sich aufgrund ihrer Hitzeverträglichkeit und Trockenheitsresistenz in den wärmeren Gebieten Mitteleuropas bewährt. In Wien werden sie genau deshalb zunehmend als Straßen- und Parkbäume verwendet. In der Literatur häufig als Kleinbaum beschrieben, finden wir in Wien eini-

Färben die Stadt gelb: die
Blütenrispen der Blaseneschen

ge über hundertjährige Exemplare, die eher schon der Kategorie *Mittelbaum,* mit einer Höhe zwischen zwölf und zwanzig Metern, zuzuordnen sind. Ein beeindruckendes Exemplar steht im 15. Bezirk vor der Kirche am Laurentiusplatz. Gepflanzt laut Baumkataster im Jahr 1860, steht er hier schon über 160 Jahre und erfreut sich bester Gesundheit. Denn jetzt kommt's: Die

Baumart kennt weder Schädlinge noch Pilzerkrankungen. Nur die zunehmend starke *Versamung* macht den Stadtgärtnern bei der Parkpflege wachsende Probleme.

Aber zurück zum deutschen Namen, der mehr über die Blätter und die Früchte aussagt. Das eschenähnliche, unpaarig gefiederte Blatt treibt im Frühling leuchtend rot aus und verabschiedet sich im Jahreskreis mit einer gelben bis ins Orange gehenden Herbstfärbung. Die auffälligen, aufgeblasenen, lampionartigen Früchte bleiben dagegen lange am Baum haften, sodass die Bäume auch im Winter leicht zu erkennen sind.

Dass man die jungen Blätter wie Spinat zubereiten kann und die Samen geröstet essbar sind, hat sich in Wien noch nicht herumgesprochen. Ist wohl besser so, denn wir benötigen ja eher die Blätter als Schattenspender der Stadt. Leider wird in Wien noch immer die schmale Selektion Fastigiata gepflanzt (zu finden in der Hubergasse in Ottakring), die zwar pflegeleichter scheint, aber schmal bleibt und kein Kronendach ausbildet. Interessanter wäre da schon die Sorte „September", die erst nach dem Sommer zu blühen beginnt. Dass die Blüten auch noch gerne von Bienen beflogen werden, macht Hoffnung, dass diese Baumart in Zukunft noch beliebter wird. Steht doch gerade die Farbe Gelb in unserem Kulturkreis für Fröhlichkeit, Spontanität und Hoffnung. Das haben auch schon Coldplay im Song „Yellow" erkannt.

MANNA-ESCHE

(Fraxinus ornus)

Himmelstau vom alten Landgut

Es gibt Bäume – da sind sich die meisten einig –, die gehören zu den Guten. Das ist so ähnlich wie bei manchen Musikern und Musikerinnen, allen voran Taylor Swift: Weh dem, der sie nicht hochpreist! So ähnlich huldigen *Arboristen* gegenwärtig *Fraxinus ornus* als Star unter den Stadtbäumen. Schon die unterschiedlichen deutschen Namen versprechen viel: Zum einen Blumen-Esche, also Eschen, die durch ihre angenehm duftenden, cremeweißen Blüten überzeugen. Sie wird aber auch **„Manna-Esche“** oder „Himmelsbrot“ genannt. Das bezieht sich auf die essbare Substanz, die aus den Eschen gewonnen wird und den Israeliten auf ihrer Wanderschaft durch die Wüste als Nahrung gedient haben soll.

Doch Achtung: Das von der Manna-Esche stammende Manna ist nicht identisch mit dem in der Bibel erwähnten Manna. Glaubwürdige Nachweise dafür findet man erst im 11. Jahrhundert, als die islamischen Herrscher Siziliens den wertvollen, zuckerhaltigen Saft der Manna-Esche gewannen. Der Saft, der nach dem Anritzen der Rinde austritt, heißt auch Himmelstau. Noch heute gewinnen ihn die Inselbewohner Siziliens als ausgezeichnetes regionales Produkt. Manna fällt also nicht vom Himmel, sondern fließt aus den Rinden der Eschen. Daraus können wir entweder mit Mehl, Wasser, Öl, Milch und Hefe ein Brot backen oder es zu Cremes, Nougats weiterverarbeiten und mittlerweile sogar dem Panettone beimengen.

ADRESSE
Heubergstättenpark beim Alten Landgut, 1100 Wien

Taylor Swift: How Did It End?

Diese Superlativen in der Verwendung sind auch in Wien sichtbar: Blumeneschen werden bei uns nicht geritzt, sondern als Stadt- und Straßenbäume gepflanzt, da sie als äußerst hitze- und trockenheitsverträglich gelten. Sie stammen ursprünglich aus Südeuropa und Kleinasien, sind aber zum Teil in Mitteleuropa eingebürgert. Die Erderhitzung begünstigt auch ihre Ausbreitung in nördlichere Gebiete Europas. Begrenzte inselartige natürliche Vorkommen gibt es in Kärnten sowie im burgenländischen Leithagebirge. Dadurch gelten sie als heimisch. Als Pionierbaumart wachsen sie auf allen Bodenarten mit anderen wärmeliebenden Gehölzen wie Steinweichsel, Felsenbirnen, Flaumeichen und Hofenbuchen. Und weil sie nicht invasiv sind, also keine anderen Arten verdrängen, zählen sie erst recht zu den „Guten".

Für die Verwendung in der Stadt gibt es einige Sorten, die durch ihre besondere Kronenform auffallen: etwa Meczek, die Kugel-Blumenesche, ein veredelter Kleinbaum mit einer sehr dichten, kompakten Kronenform. Die kugelige Sorte war lange Zeit als pflegeleichter Baum beliebt.

Die Züchtung ging jedoch auf Kosten der Blüte – sie blüht vergleichsweise wenig. *Fraxinus ornus*, Sorte Louisa Lady, hat zwar einen schönen Namen, wächst aber ziemlich langsam. Die Sorte Arie Peters ist ein breit und pyramidenförmig wachsender Baum, bleibt aber ein Kleinbaum. Besser ist *Fraxinus ornus* der Sorte OBELISK, auch „Paus Johannes Paulus II" genannt, der als einer der schönsten blühenden Blumeneschen angepriesen wird. Als schmaler Straßen- und Alleebaum

Duftende, cremeweiße Blüte der Blumen-Eschen

für trockene, kalkreiche Böden ist die Sorte für enge Straßen in Wien sicher gut geeignet.

2007 auf der Schmelz gepflanzt, blüht sie Mitte April üppig. Die reine Art erzielt aber meiner Meinung nach noch immer die beste Wirkung. Vergessen Sie die unzähligen Sorten und bewundern Sie stattdessen die ursprünglichen Blumeneschen im Heubergstättenpark beim Alten Landgut im 10. Bezirk! Die reine Art ist sicher der Star unter den Blumeneschen. Sowie für viele nur das Original Taylor Swift als Star am Pophimmel leuchtet.

SCHNURBAUM

(Styphnolobium japonicum)

Wenn's im Sommer schneit

Es schneit! Und das Mitte Juli. Aber die Schneeflocken sind kein kristallisiertes Wasser, sondern die cremeweißen bis gelblichen Blütenblätter des **Schnurbaums.**

Der Baum mit den vielen Namen wird neuerdings botanisch richtig *Styphnolobium japonicum* genannt. Er blüht als einer der letzten Straßenbäume in Wien. Deswegen wird er auch Honigbaum genannt, da er eine wertvolle Nektarquelle in einer Zeit bietet, in der viele andere Pflanzen schon längst verblüht sind.

ADRESSE
Versorgungsheimplatz, 1130 Wien; Neusserplatz, 1150 Wien; Schanzstraße, 1140 Wien; Thaliastraße, 1160 Wien; Rotenturmstraße, 1010 Wien

Mola feat. Haiyti: Schnee im Sommer

Die alte botanische Bezeichnung *Sophora japonica* hat im Art-Beinamen die falsche Herkunft verfestigt. Der Baum stammt nämlich ursprünglich aus China und Korea. In Japan wurde er nur über die gärtnerische Kultur eingebürgert. In China fehlt der Baum in der Hängeform in keiner Pagode, weswegen er bei uns oft auch Pagodenbaum genannt wird. In Asien rankt sich eine Legende um den „Schuld tragenden Schnurbaum Zuihuai" im Pekinger Jingshan-Park nördlich der Verbotenen Stadt. An diesem besagten Baum soll sich der letzte Kaiser der Ming-Dynastie, Chongzhen, erhängt haben. Anscheinend wurde das originale Exemplar während der Kulturrevolution stark beschädigt und deshalb 1971 gefällt. Heute steht dort ein 150 Jahre alter Baum aus dem Pekinger Stadtbezirk Dongcheng, der 1996 in den Park umgepflanzt wurde.

In Wien sind die Legenden um die Sophoren, wie die Bäume liebevoll von vielen Stadtgärtnern genannt

Perlschnurartig aufgefädelt
hängen die Früchte am Schnurbaum

werden, weniger dramatisch. Allerdings stehen in diversen Parkanlagen auch alte Exemplare. Besondere Schnurbäume mit beeindruckenden Stammumfängen wachsen in der Friedrich-Julius-Bieber-Anlage beim Versorgungsheimplatz in Lainz gegenüber dem Geriatriezentrum am Wienerwald.

Die laut Baumkataster 1851 gepflanzten Exemplare mit 405 Zentimetern Stammumfang mussten jedoch aufgrund ihres Alters deutlich eingekürzt werden. Ein schöner, ausgewachsener Baum findet sich in Rudolfsheim-Fünfhaus am Neusserplatz. Der 1939 gepflanzte Baum hat immerhin auch schon einen Stammumfang von 306 Zentimetern und eine Höhe von über zwanzig Metern. Gleich ums Eck, in der Schanzstraße, befindet sich eine der schönsten Schnurbaumalleen Wiens. Hier stehen die Bäume ausnahmsweise in der Mitte der zweigeteilten Straße und beschatten mit ihren lichten Kronen und gefiederten Blättern, die denen von Robinien ähneln, den gesamten Freiraum.

Dass Schnurbäume auch in Zukunft zahlreich Verwendung finden, verdanken sie ihrer Hitze- und Trockenheitsverträglichkeit. Die Sorte Regent, die durch ihren geraden Stamm auffällt, hat es sogar in das Wiener Straßenbaumsortiment geschafft und wird bei Neupflanzungen wie in der Rotenturmstraße und auf der Thaliastraße auch zahlreich verwendet. Die ersten Bäume blühen auch schon und beschneien hier sanft den Gehsteig.

Und im Winter? Da schneit es in Wien nur mehr selten. Aber auch in dieser blattlosen Jahreszeit lässt sich der Schnurbaum leicht bestimmen. Die Samen haften wie Perlschnüre ganz lang am Baum, der deswegen er auch Perlschnurbaum genannt wird. Entsprechend leicht zu beantworten ist deshalb auch diese Frage: Welche Bäume stehen vor der *Falter*-Redaktion in der Marc-Aurel-Straße?

SILBER-LINDE

(Tilia tomentosa)

Unter den Silber-Linden heißt unter den Palmen

Unter den Linden in Wien finden gewiss auch politische Gespräche statt. Wie in der entsprechenden TV-Sendung aus Berlin. In Wien kann man das zum Beispiel auf der Piazza am Yppenplatz erleben. Das Interesse des beobachtenden *Dendrologen* gilt aber mehr den dort wachsenden Baumarten und weniger den Ge-

Der Sonne entgegen: Die Silber-Linden drehen ihre silbrigen Blattunterseiten nach oben und reflektieren das Sonnenlicht

sprächen darunter. Im östlichen Teil des Platzes setzte die Stadt laut Baumkataster schon 1977 **Silber-Linden**, die südosteuropäischen Verwandten der heimischen Winter- und Sommerlinden. Also noch vor dem Umbau der Payergasse zur verkehrsberuhigten Zone. Im westlichen Teil des Platzes wurden nach dessen Umgestaltung zur Piazza amerikanische Linden gepflanzt, die nicht lange überlebten und von den Gärtnern durch Zürgelbäume ersetzt wurden.

ADRESSE
Yppenplatz,
1160 Wien

Peter Fox:
Fieber

Zwei Silber-Linden haben den Umbau gut überstanden, spenden wertvollen Schatten und liefern spürbare *Verdunstungskühlung.* Vor dem Hintergrund der Erderwärmung wird die Silber-Linde in Wien also an Bedeutung gewinnen. Aufgrund ihrer südlichen Herkunft verträgt sie nämlich Hitze sowie Luft- und Bodentrockenheit besser als heimische Linden. *Tilia tomentosa*, wie sie botanisch genannt werden will, hat eine Eigenschaft, die sie besonders hitzeresistent macht: Bei Sonneneinstrahlung drehen diese Linden ihre Blätter aktiv der Sonne entgegen und reflektieren das Sonnenlicht mit ihren weißen bis silbrigen, flaumbedeckten Unterseiten der Blätter.

Dass sie dabei auch ihre Temperatur senken können, beweisen Messungen der Blatttemperaturen von Winter- und Sommerlinden im Vergleich zu Silber-Linden in Hitzeperioden. Sie zeigen, dass bei der Silber-Linde die Differenz zwischen Blatt- und Lufttemperatur geringer ist als bei den heimischen Linden. Dieser sogenannte *Albedo-Effekt* schützt die Bäume vor Überhitzung. Immerhin stammen die Silber-Linden ja auch aus Südosteuropa und haben sich dort genetisch an die klimatischen Bedingungen mit heißen, trockenen Sommern angepasst.

Die behaarten Blattunterseiten sorgen aber nicht nur für einen besseren Verdunstungs- und Hitzeschutz, sondern verhindern auch weitgehend den Blattlausbefall und damit den störenden *Honigtau*, der von den wohlbekannten Lindenarten gerne auf darunter geparkte Autos tropft.

Als Stadt- und Straßenbaum hat die heimische Linde bisher vor allem in den zentraleuropäischen Großstädten enorme Bedeutung. In Zukunft wäre es anzuraten, diese vermehrt durch Silber-Linden zu ersetzen. Aber Vorsicht! Auch wenn die Silber-Linde eine robuste Baumart ist, reagiert sie genauso empfindlich auf Streusalz. Bei der Blüte gehört sie zu den am spätesten blühenden Lindenarten. Den angenehm duftenden Blütenstaub verdächtigen manche kurzfristig als giftig für Hummeln. Ein fremdenfeindliches Vorurteil gegenüber Bäumen nicht heimischer Herkunft? Jedenfalls stellte sich das als völlig falsch heraus.

Also: kühlen Kopf bewahren bei den Gesprächen unter den Silber-Linden am Yppenplatz! Unter den Linden heißt immerhin laut Peter Fox unter den Palmen. Es werden hoffentlich Silber-Linden sein, unter denen wir in Zukunft politisieren.

SILBER-WEIDE

(Salix alba)

Abhängen unter Silber-Weiden

Ich hänge ab im Sommer. Ich mache das jedes Jahr, meist auf einem Fluss mit einem Pouch RZ-85 Reisezweier Faltboot. Neben Paartherapie bietet diese Form des Reisens vor allem eines: Abschalten durch Tun im Nichtstun. Das Angebot an Pflanzenbestimmung hält sich für einen Baum-Nerd in den Flusslandschaften in Grenzen. Aber immerhin gibt es Weiden, so weit das Auge reicht.

ADRESSE
Donauinsel, Donaukanal, Türkenschanzpark, Kurpark Oberlaa, Meiereistraße, 1020 Wien

Deichkind: Silberweidenpark

Besonders die **Silber-Weide** *(Salix alba)* als Hauptbaumart der sogenannten Weichholzauen, drängt sich hier als Streber unter den Pioniergehölzen in die erste Reihe. Mit ihren langen, schmalen Blättern passt sie sich an diese extremen Standortverhältnisse an, immerhin gibt es in Auen reichlich Erosion und Sedimentation. Die silbrig-seidige Blattunterseite hilft bei der Hitzeanpassung. Somit sind Silber-Weiden wie geschaffen für die vorderen Plätze am Ufer.

Durch gekonntes Abbrechen von Astteilen, die weitergeschwemmt werden, können Weiden entlang der Ufer sogar *Reinbestände* bilden. Sie lieben diese vollsonnigen, heißen, oft windigen Standorte und vertragen als eine der wenigen Baumarten längere Überschwemmungen.

Aber in Wien? Im Nationalparkgebiet Lobau kommen sie natürlich vor. Dazu passend pflanzten die Stadtgärtner verschiedene Baum- und Strauchweiden auf der Donauinsel und entlang des Donaukanals. Dort

Eine kultivierte Varietät der Silber-Weide: die Trauer-Weide

sind sie allerdings nicht nur bei Erholungs- und Schattensuchenden beliebt, sondern auch bei den derzeit geschätzten 230 im Wiener Stadtgebiet lebenden Bibern. Die Hängeform der Silber-Weide, die Trauer-Weide, hat es sogar in die größeren Stadtparks geschafft.

Fälschlicherweise meist als *Salix alba ‚Tristis'* bezeichnet, gibt es hier wieder mal Uneinigkeiten in der wissenschaftlichen Namensgebung. Richtig, allerdings etwas sperriger, wäre *Salix x sepulcralis ‚Chrysocoma'*. Beschreibender ist da die englische Bezeichnung „weeping willow". Weiden können tatsächlich weinen, also ihre übermäßige Wasseraufnahme bei Überschwemmungen durch die Wurzeln in Form von Tropfen wieder abgeben. Kenner nennen das *Guttation*.

Am besten zu sehen an einem heißen Tag nach Starkregen (Vorsicht! Kommt aufgrund des Klimawandels immer häufiger vor) bei einem der zahlreich gepflanzten Hängeweiden im Kurpark Oberlaa oder im Türkenschanzpark. Zum gemeinsamen Weinen kann man auch zur Bruch- oder Knack-Weide *(Salix fragilis)* in die Meiereistraße pilgern – passenderweise gegenüber dem Ernst-Happel-Stadion. Sie hat hier laut Baumkataster seit 1948 überlebt: für die schnellwüchsige und eben brüchige Weide ein stattliches Alter.

Die stadttauglichste Weidensorte *Salix alba ‚Limpde'*, die Kegel-Silber-Weide, vermisse ich aber noch immer in Wien. Ich wünsch mir deshalb einen Park wie den sogenannten Grasbrookpark in der westlichen HafenCity in Hamburg zu finden, mit zahlreichen Kegel-Silber-Weiden, um dann gemeinsam mit Deichkind in der Stadt abzuhängen: „Komm, es ist ein schöner Tag. Setz dich zu uns ins Gras im Silber-Weiden-Park! Hier ham wir nicht viel zu tun. Wir riechen an den Blumen im Silber-Weiden-Park!"

HOPFENBUCHE

(Ostrya carpinifolia)

Von Fußball, Bier und Hopfenbuchen

Hopfen und Bier gehören irgendwie zusammen. Wenn dann auch noch Fußballevents dazukommen, wie fast jedes Jahr, dann ist das Dreamteam perfekt. Noch dazu, weil Nationalteams oft von Brauereien gesponsert werden, im Falle des österreichischen Nationalteams war das zuletzt (und nicht umsonst) eine Salzburger Brauerei. Dass dann auch noch **Hopfenbuchen** vor der Brauerei in Ottakring wachsen, passt gut ins Bild.

Wie bei der Blasenesche, ging auch bei diesem Gehölz der deutsche Name leider weit an der botanischen Latte vorbei: *Ostrya carpinifolia*, so wissenschaftlich richtig, hat weder etwas mit Hopfen noch mit Buchen zu tun. Abermals waren auch hier nur äußerliche Erkennungsmerkmale für die deutsche Namensgebung ausschlaggebend. Die *männlichen Blütenstände* schauen bei Ostrya aus wie Hopfenfrüchte. Nur duften sie nicht, schon gar nicht nach Hopfen, weshalb sie Brauer auch nicht zum Würzen von Bier verwenden. Die Blätter sind der Hainbuche sehr ähnlich (carpinifolia bedeutet „hainbuchenblättrig"). Aber die Hainbuche ist botanisch gesehen auch keine Buche. Also Verwirrung pur.

ADRESSE
Auer-Welsbach-Park, 1150 Wien

Ernst Palicek: Summer in Wien

Nur der vorangestellte Name „europäisch" passt. Das natürliche Verbreitungsgebiet der Hopfenbuchen umfasst weite Teile des Mittelmeergebietes bis nach Südosteuropa. Aufgrund nacheiszeitlicher Wärmeperioden hat sie es sogar bis in die Untersteiermark und

Die länglichen Fruchtstände der
Hopfenbuche erinnern an die Früchte des Hopfens

in manche Täler Südkärntens geschafft. Jetzt werden die langsam wachsenden Kleinbäume hoffentlich auch in Wien zunehmend gepflanzt, denn sie bevorzugen heiße, trockene, kalkreiche Südhänge – Bedingungen, wie wir sie in Großstädten häufig finden. Lediglich die geringeren Niederschläge in Wien dürften der Baumart nicht so ganz ins Bild passen. Gießt man die Pflanze aber zumindest anfänglich gut, lässt sich dieser Standortnachteil ausgleichen.

Dass Hopfenbuchen in der Stadt lange überleben, lässt sich am besten im 15. Bezirk, im Auer-Welsbach-Park, erleben. Im ehemaligen „Schönbrunner Vorpark“ finden wir zwei Exemplare mit beachtlichen Stammdurchmessern. Der stärkere der beiden stammt vermutlich aus der ursprünglichen Auspflanzung mit vielen Gehölzraritäten um 1890. Wer weiter in der Stadt bleiben will, kann zwischen Parlament und Justizpalast in den Grete-Rehor-Park gehen und die 1969 gepflanzte Hopfenbuche suchen. Wie die meisten älteren Exemplare erkennt man sie nicht nur an den überschwänglichen männlichen *Blütenständen,* sondern auch an der im Alter tief eingekerbten, graubraunen Rinde ihres kurzen Stammes.

Wer sie gefunden hat, öffne sich doch zur Abkühlung ein 16er-Blech und verfolge ein Fußballspiel im Schatten der Hopfenbuche. Um dann wie Ernst Palicek festzustellen: „Ob in Mallorca, Jesolo oder Berlin, Nix is so sche’ wie da Summer in Wien.“

SCHWARZ-KIEFER

(Pinus nigra ssp. nigra)

Es schaut schwarz aus!

Pinus nigra ssp. nigra, die österreichische Kiefer oder auch **Schwarz-Kiefer,** galt lange Zeit als anspruchsloser, krankheitsresistenter und gegenüber Luftverschmutzung unempfindlicher Baum. Dementsprechend viele Exemplare finden wir in Wiener Parks und an den Straßen. Schwarz-Kiefern sind die häufigsten *Koniferen* in der Stadt. Doch im Vorjahr ist nicht nur dem Fachpublikum aufgefallen, dass die

Kiefern schon im Frühling beginnen, braun zu werden und langsam abzusterben.

Wer im Süden von Wien unterwegs ist, findet absterbende Pinienwälder entlang der Thermenlinie, wie zum Beispiel bei Bad Vöslau am Harzberg. Im Sommer sind hier ganze Wälder mit braun benadelten Bäumen zu sehen. Sogar der botanische Laie erkennt, dass hier etwas nicht stimmt. Mit der Trockenheit kommt der Pilz. So beschreibt die Fachliteratur die Ausbreitung des *Diplodia-Triebsterben* durch den Erreger Sphaeropsis sapinea, zu erkennen an den braunen Nadeln an den Spitzen der Triebe. Bei mehrjährig wiederholtem Befall werden die betroffenen Zweige und Äste zunehmend kahl, die Benadelung ist hier nur noch spärlich vorhanden. Letztlich führt starker Befall zum Absterben des Baums bereits innerhalb eines Jahres.

ADRESSE
Türkenschanzpark, 1180 Wien

Ben Howard: Old Pine

In der Stadt müssen Gärtner die absterbenden und toten Exemplare aus sicherheitstechnischen Gründen fällen. Und so verschwinden die heimischen Kiefern zunehmend vor unseren Augen. Also spazieren Sie rasch in den Türkenschanzpark und bewundern Sie dort die prachtvollen, meist über 100-jährigen Schwarzföhren, wie sie auch genannt werden, mit ihrer beeindruckenden, abplattenden, grob gefurchten *Borke.*

Die acht bis fünfzehn Zentimeter langen, leicht zugespitzt stechenden Nadeln kommen zweinadelig aus *Kurztrieben.* Die Kiefern lassen sich zunächst anhand der Anzahl der Nadeln unterscheiden, die aus einer gemeinsamen Scheide hervorgehen. Die Botaniker unterteilen die Kiefern auch anhand der Zapfenschuppen, aber das würde hier zu weit führen.

Die malerischen Silhouetten der Schwarz-Kiefern
prägen viele Wiener Parks

Andere zweinadelige Kiefern, die in Wien ebenso häufig zu finden sind, ist *Pinus sylvestris,* die Waldkiefer oder Rot-Föhre. Meine Lieblingswaldkiefer steht gleich beim Eingang zum Schönbrunner Bad und leuchtet mit ihrer roten Rinde besonders am Abend kräftig. Der Schaderregerpilz geht zwar auch auf die Waldkiefer, bisher sind mir aber eher Schädigungen bei den Schwarz-Kiefern aufgefallen, wohl aufgrund der Dominanz in der Stadt im Vergleich zu den Rotföhren, wie sie auch genannt werden.

Eine Alternative zu den von Pilzen befallenen heimischen Kiefern könnte die Amerikanische Gelb-Kiefer sein, die anscheinend noch etwas trockenheitsverträglicher ist. *Pinus ponderosa* trägt den schönen Artbeinamen, den Boomer aus der Serie „Bonanza“ mit ihrer fiktive Ponderosa-Ranch kennen. Die Unterscheidung zu den europäischen Kiefern ist einfach: die Gelb-Kiefer ist dreinadelig und hat einen schönen, kegelförmigen Wuchs.

Ein schönes Exemplar steht wiederum im Türkenschanzpark, gleich am unteren Teich neben der Meierei. Dazu würde dann auch der appalachische Song: „Where Did You Sleep Last Night“ passen, am besten in der Interpretation von Nirvana. “In the pines, in the pines, where the sun don’t ever shine”. Verlust, Einsamkeit, Verlassenheit und Dunkelheit strahlt der Song aus, passt also gut zu den sterbenden Schwarzföhren und der aktuellen Klimakrise. Wer es lebensbejahender braucht, träumt sich in den Song „Old Pine“ von Ben Howard und denkt an schöne Zeiten in Pinienwäldern am Strand.

GEWÖHNLICHE PLATANE

(Platanus x hispanica)

Napoleons Lieblingsbaum

Ist Ihnen auch schon das Phänomen aufgefallen, dass unter **Platanen** besonders viele Rindenfetzen herumliegen? Die Bäume häuten sich wie Schlangen. Zeichen einer bevorstehenden Apokalypse wie in T.C. Boyles Buch „Blue Skies"? Es gibt keinen Grund zur Panik, nicht alle Phänomene bei Stadtbäumen haben mit den sich rasch veränderten Klimabedingungen zu tun. Zumindest nicht nur.

Selten allein, meist zu zweit: Die kugeligen Fruchtstände der Gewöhnlichen Platane bleiben oft bis zum Frühjahr am Baum hängen

Platanen werfen alle paar Jahre große Mengen *Borke* (so heißen die abgestorbenen Teile der Rinde) ab. Bei dieser Baumart ist das nicht besorgniserregend, sondern ein natürlicher Prozess. Und ein gutes Zeichen: Aufgrund der guten Wasserversorgung im Frühling haben die Bäume gut an Masse zugelegt. Große Hitze bewirkt jedoch eine stärkere Aushärtung der Borke; die anhaltende Trockenheit, womöglich auch in Kombination mit Wassermangel, führt zu einer Verringerung der *Stammstärke* und damit zu einem Abplatzen der Borke – meist in großen Stücken. Also doch ein kleiner Klimaeffekt.

ADRESSE
Währinger Gürtel, 1090 Wien; Hietzinger Hauptstraße, Am Platz, 1130 Wien; Hasnerstraße, 1160 Wien; Grete-Rehor-Park, 1010 Wien

Bob Dylan: Drifter's Escape

Gut beobachten kann man das Phänomen entlang des Radweges am Währinger Gürtel. Dort steht eine Allee mit Ahornblättrigen beziehungsweise Gewöhnlichen Platanen (*Platanus x hispanica,* synonym *Platanus x acerifolia, Platanus x hybrida*). Die Kreuzung aus der Amerikanischen und der Morgenländischen Platane war um die Jahrhundertwende aufgrund der besseren Winterhärte das Erfolgsmodell in Mitteleuropa. Namensgebend war die Ähnlichkeit der Blätter mit jenen der Ahorne. Die am Währinger Gürtel vermutlich ab 1930 ausgepflanzten, schnellwüchsigen Bäume erreichen mittlerweile die beachtliche Höhe von bis zu 25 Metern sowie eine breit ausladende, hochgewölbte Krone von bis zu 20 Metern Durchmesser. Sie überschirmen so fast den gesamten inneren Gürtel.

Schon Napoleon ließ Platanenalleen als Schattenspender für seine marschierenden Truppen auspflanzen. Noch heute ist die Bastardplatane, wie sie auch genannt wird, neben Kastanien die Hauptbaumart in

Die farblich attraktive Borke der Gewöhnlichen Platane
löst sich in großen Platten vom Stamm

Paris. Von dort breitet sich leider auch der befürchtete Platanenkrebs aus, ein pilzlicher Erreger, der die *Leitungsbahnen* der Bäume verschließt und befallene Bäume innerhalb von zwei bis fünf Jahren zum Absterben bringt.

In Wien ist der Krebs noch nicht angekommen, doch eine andere Pilzart macht vermehrt Probleme: die sogenannte Massaria-Krankheit. Dieser Pilzbefall führt zu einer raschen Totholzbildung, auch bei Starkästen, die bei Befall innerhalb weniger Monate absterben und abgeworfen werden. Damit die Sicherheit aller Verkehrsteilnehmer unter den Platanen gewährleistet ist, braucht es auch eine intensivere Pflege und regelmäßige Kontrolle. Nicht lustig für die Stadtverwaltung, die mit erhöhten finanziellen und personellen Ressourcen rechnen muss.

Nur vor einem soll gewarnt sein: Platanen zukünftig nur als Schirmplatanen zu erziehen und in Dachform zu schneiden. So sieht man das zum Beispiel am Ausgang Meidlinger Hauptstraße der U6 vor der Arcade Meidling. Da lob' ich mir schon eher die aus Südosteuropa stammende Morgenländische oder auch Orientalische Platane *(Platanus orientalis)*, die mit Hitze und Trockenheit vermutlich besser zurechtkommt! Als schmale Variante setzen die Wiener Stadtgärtner auf die Sorte „Minaret", zu sehen bei der U3-Endstation Ottakring, in der Hasnerstraße.

Besondere Bekanntheit erlangte die Gewöhnliche Platane mit der Baumnummer 1001, der sogenannten „Eiles-Platane". Der achtzigjährige Baum, ursprünglich vor dem Café Eiles gepflanzt, musste dem U-Bahn-Bau weichen und wurde in einer nächtlichen Aktion 2021 in den Grete-Rehor-Park neben dem Justizpalast umgepflanzt. Heute ist der Patient mit Seilen abgespannt, von Bauzaun umgeben und mit Videoüberwachung ausgestattet – der wohl bestgehütetste Baum Wiens.

Ob er, auch bei guter Pflege, je wieder in Freiheit entlassen werden kann, wird sich allerdings erst in den nächsten Jahren zeigen. Geschält, wie die meisten Platanen in Wien, hat er sich jedenfalls schon mal.

HIBISKUS

(Hibiscus syriacus)

Blühender Swiftie-Baum

Im Juli 2024 kam der große Schock: Wegen einer Terrorwarnung sah sich die Überdrüber-Popikone Taylor Swift gezwungen, ihre Konzerte in Wien abzusagen. Enttäuschte Swifties pilgerten daraufhin in die Mariahilfer Corneliusgasse, um bei den beiden Straßenbäumen, passend vor der Musisch Kreativen Volksschule und neben der School of Pop, den abgesagten Traum gemeinsam zu verkraften. Sie hängten Freundschaftsarmbänder an den Baum, machten Selfies und stimmten den zur Straße passenden Swift-Song „Cornelia Street" an.

Die zwei Laubgehölze wurden so zu den Stars unter den Stadtbäumen. Obwohl „Baum" fast übertrieben ist: Genau genommen handelt es sich um **Hibiskus**-Hochstamm-Veredelungen *(Hibiscus syriacus)* in verschiedenen Sorten. Diese pflanzen die Wiener Stadtgärtner gerne in Baumscheiben, in denen der darunterliegende Wurzelraum nur eingeschränkt durchwurzelbar ist und keine größeren Straßenbäume gepflanzt werden können. Unterirdisch jedenfalls wächst das Wurzelsystem des Hibiskus herzförmig, was für Swifties vielleicht ein interessantes Detail ist und gut zum Bild der verehrten, nun geschmückten Bäume passt. Leider verwurzeln sich die Bäume mit ihrem fleischigen Wurzelwerk sehr schlecht. Deswegen ist eine Verankerung mit Baumpfählen für die etwas schief stehenden Bäumchen noch immer notwendig. Auch 14 Jahre nach der Pflanzung.

ADRESSE
Corneliusgasse, 1060 Wien

Taylor Swift: Cornelia Street

Dass die zu den Malvengewächsen gehörenden Hochstämmchen gerade zu der Zeit der abgesagten Konzerte blühten, schien für die angereisten Fans wie Schicksal. Der Hibiskus, auch Garteneibisch oder Straucheibisch genannt, erblüht eben Ende Juni und blüht bis weit in den Oktober hinein. Die laut Baumkataster 2010 gepflanzten Hochstammbäumchen erreichen aber gerade mal eine *Stammstärke* von 31 Zentimetern. Ob sie jemals die vierzig Zentimeter bekommen, um so unter das Wiener Baumschutzgesetz zu fallen, wird sich erst weisen. Bis jetzt hat es jedenfalls noch keiner der in Wien ausgepflanzten Bäume dieser Art geschafft.

Das verfügbare Sortenspektrum bei Garteneibisch ist riesig. Die neuerdings bevorzugten Sorten haben die kreativen Namen Blue Bird, China Chiffon und White Chiffon. Sie unterscheiden sich vor allem über die Blütenfarben. Bei den sechs bis zu zwölf Zentime-

Gefüllte Blüten des Swiftie-Baums:
eine Hibiskussorte

ter großen, *gefüllten, halbgefüllten* und *ungefüllten* Blüten reicht das Farbspektrum von Weiß, Hellrosa, Rot, Lila bis zu Blau. Leider fehlt im Baumkataster die Sortenangabe der „Swiftie-Bäume“. Auf jeden Fall wächst hier eine rosa gefüllt blühende Sorte, möglicherweise Chiffon Pink.

Nach der Blüte bilden die Pflanzen braune *Kapselfrüchte* aus, die sortenspezifisch sehr unterschiedlich lange an der Pflanze haften. Um die Blühaktivität und die Blütengröße zu erhöhen, empfehlen Baumschulen einen starken Rückschnitt auf etwa fünf Knospen.

Also, liebe Stadtgärtner: Macht den Swifties eine Freude und bringt die Hochstämmchen auch in den nächsten Jahren kräftig zum Blühen! Vielleicht kommt ja sogar demnächst eine Sorte mit dem Namen „Taylor Swift" auf den Markt. In Wien wäre so ein Eibisch sicherlich ein Hit.

GEWÖHNLICHER TROMPETENBAUM

(Catalpa bignonioides)

Der „faule" Trompeter

Haben Sie sich schon gefragt, was Fisolen auf Stadtbäumen zu suchen haben? Wenn Sie rauchen, dann erinnern Sie die Fruchtstände vielleicht eher an Zigarren – aber da erzeugt wohl die Sucht die optische Verbindung zum Luststengel.

Es sind aber weder Fisolen noch Zigarren, die ab dem Spätsommer vom „Bohnen- oder Zigarrenbaum" baumeln. Die deutschen Namensgebungen spielen nur mit der Ähnlichkeit der zahlreichen grünen, später braun werdenden Früchte. Botanisch handelt es sich um die in Wiener Parks und auf Plätzen nicht selten

Die Fruchtstände des Gewöhnlichen Trompetenbaums
hängen wie Fisolen bis in Frühjahr am Baum

gepflanzten *Catalpa bignonioides*, auch **Gewöhnlicher Trompetenbaum** genannt. Noch eine deutsche Bezeichnung, die diesmal Bezug auf die *Blütenstände* nimmt. Diese erscheinen von Juni bis Juli in vielblütigen, aufrechten *Rispen* und erinnern an Trompeten. Die glockenförmigen Einzelblüten sind weiß mit purpurnen Flecken und zwei gelben Längsstreifen im Schlund.

Wenn der Baum blüht, ist er eine Wucht: Die ausladende Krone mit den drei*wirteligen*, großen Blättern wird von Blütenständen überragt und erzeugt ein beeindruckendes, fast tropisches Bild, das auch von Bienen geschätzt und umschwärmt wird.

ADRESSE
Dingelstedtpark, 1150 Wien; Vally-Wieselthier-Park, 1070 Wien

Jolie Holland: Album Catalpa

Aber nicht alles am Trompetenbaum ist so romantisch: Beim Zerreiben der Blätter entsteht ein unangenehmer Geruch. Und zwar zu Recht. Die meisten Pflanzenteile enthalten das giftige Catalpin, das bei Verzehr zu Vergiftungserscheinungen wie Bauchschmerzen, Durchfall oder Übelkeit führen kann.

Wer beeindruckende Trompetenbäume entdecken will, fährt am besten nach Rudolfsheim-Fünfhaus in den Dingelstedtenpark und genießt dort den Schatten der über achtzig Jahre alten Bäume, die mittlerweile eine beachtliche Höhe von fast zwanzig Metern erreichen.

Neben dieser extravaganten Art gibt es auch kleinwüchsige Trompetenbäume. Der Kugel-Trompetenbaum, wie die Sorte „Nana“ genannt wird, ist eine *Hochstamm-Veredelung* mit einer Kugelkrone, die wirkt wie von Architektenhand entworfen. Der nicht blühende und damit auch nicht fruchtende Baum erreicht eine maximale Höhe von sechs Metern, die kugelförmige Krone verflacht im Alter zusehends. Beobachten lässt sich das im 7. Bezirk im Vally-Wieselthier-Park an dem 1977 gepflanzten Exemplar, das als Naturdenkmal ausgezeichnet wurde.

Eine nicht ganz offizielle Bezeichnung gibt es noch: Beamtenbaum. Wird Beamten hier unterstellt, dass sie spät mit der Arbeit anfangen und früh aufhören? Denn Trompetenbäume treiben sehr spät im Frühling aus und verlieren ihr Herbstlaub auch sehr zeitig. Sie machen das, um Wasser zu sparen und sich so an trockene Standorte anzupassen. Den Bäumen (und ihren Namensgebern) dabei Faulheit zu unterstellen, ist – botanisch gesehen – doch etwas gewagt.

SEIDENBAUM

(Albizia julibrissin)

Schlafbäume, die der Hitze trotzen

„Julibrissin" ist keine Beschreibung jubelnder Fans (ob nach Fußballspielen oder beim Lieblingskonzert), sondern das *Artepitheton*, also der Artname, der im Juli in Wien blühenden Albizia. Der **Seidenbaum**, so einer seiner vielen deutschen Namen, bringt jedoch *Dendrologen* zum Jubeln. Das liegt an den zart duftenden, cremeweißen und hell- bis dunkelrosa Staubblättern, die wie Puderquasten aus den Blüten herausscheinen.

Warum mich der Baum so begeistert? Er geht an heißen Tagen und in der Nacht einer meiner Lieblingsbeschäftigungen nach – schlafen, weshalb er umgangssprachlich auch als „Schlafbaum“ bezeichnet wird. Seine filigranen Fiederblätter falten sich an Hitzetagen und in Tropennächten, wie wir sie in Wien vermehrt erleben und wohl immer häufiger erleben werden. Es wirkt dann so, als ob der Baum gerade eingeschlafen sei.

ADRESSE
Blumengärten Hirschstetten, Neubaugürtel

Rihanna feat. Jay-Z: Umbrella

Auch im Japanischen und im Persischen trägt er die Bezeichnung Nachtschläfer beziehungsweise schlafender Baum. Sein ursprüngliches Verbreitungsgebiet sind die Regionen vom Iran bis nach China, Japan und Korea. Mit diesem Faltmechanismus (*Nyktinastie* genannt) passt sich der Baum an die Trockenheit an, um den Wasserverlust durch die *Transpiration* an heißen Tagen und in der Nacht zu reduzieren. Durch die Bewegungsreaktion der Pflanze auf Veränderungen im Licht-Dunkel-Zyklus kann sie Trockenphasen besser überstehen, ohne Schäden zu erleiden. Dieses Phänomen macht ihre Pflanzung im Zentrum der Stadt immer attraktiver.

Leider finden wir in Wien erst wenige Exemplare, gelten sie bei uns doch noch als nicht wirklich winterhart. Doch einige Gartenbesitzer am südlichen Stadtrand von Wien trauten sich schon vor vielen Jahren, Seidenbäume zu pflanzen. Und so lassen sich bei Spaziergängen in Hetzendorf und in Liesing etliche der schnellwachsenden Kleinbäume in den Vorgärten entdecken. Schön langsam pflanzen auch die Wiener Stadtgärtner in den letzten Jahren Albizien. Wir finden schöne Exemplare in den Blumengärten Hirschstetten, und sogar am Neubaugürtel stehen diese tropisch anmutenden Seidenakazien oder Mimosenbäu-

Die puderquastenähnlichen Blütenstände des Seidenbaums begeistern nicht nur Dendrologen

me, wie sie fälschlicherweise auch noch bezeichnet werden.

Wer Abkühlung im Wiener Museumsquartier sucht, kann sich im zarten Schatten der temporär gepflanzten Seidenbäume aufhalten, die dort neben Zelkoven und 7-Söhne-des-Himmels-Sträuchern mit ihrem mediterranen Flair die Aufenthaltsqualität verbessern sollen. Die in sogenannte Air-Pods gepflanzten Albizien der Sorte Ombrella, ein zufällig in Südfrankreich gefundener Sämling mit kräftigen, rosafarbenen Blüten, überleben hoffentlich die zunehmend milderen Winter der Stadt.

Dann werden vielleicht aus den inselartigen Hainen dauerhafte Pflanzungen und bieten bei jeder Witterung einen klimafitten Schirm gegen die Hitze der Stadt. „When the sun shines, we'll shine together", singt Rihanna. Und weiter: „You can stand under my umbrella, ella, ella, eh, eh, eh!"

BIENENBAUM

(Tetradium daniellii)

Spätes Beisl für Stadtbrummer

ADRESSE
Türkenschanzpark, 1180 Wien; Resselpark, 1040 Wien; Rechte Wienzeile, 1040 Wien

Voodoo Jürgens: Es geht ma ned ei

In den immer heißer werdenden Sommern gibt es auch für Bienen wenig zu lachen. Das Blütenangebot ist überschaubar. Wären da nicht die Bäume, die „spät" im Juli und August, teilweise sogar bis in den September hinein blühen – ein beliebter Treffpunkt in der Stadt. Der **Bienenbaum** *(Tetradium daniellii)* oder auch Honigesche genannt, ist so ein Bienenbeisl für Stadtbrummer. Er ist einer der letzten, der eine Blütenpracht zeigt, wertvolle Nahrung für Insekten bietet und später als Futterquelle für Vögel dient. Die englische Bezeichnung „Bee-bee Tree" hebt den Wert der Bäume doppelt hervor.

Der offizielle und auch im Wiener Baumkataster hinterlegte deutsche Name „Samthaarige Stinkesche" klingt da fürs Erste weniger charmant und täuscht stinkende *Blütenstände* vor. Was sind sie nun: miefige Bienenbäume oder duftende Stinkeschen? Je nachdem, woran man riecht. Die Blüten duften jedenfalls ange-

Nicht die Blüten, sondern die Blätter
der Stinkesche stinken, wenn man sie zerreibt

nehm. Das Stinken bezieht sich auf die Blätter, die zerrieben einen intensiven Geruch verströmen. Düfte sind aber bekanntlich Geschmackssache und werden von uns Menschen sehr unterschiedlich wahrgenommen. Da passt vielleicht manchen die weitere deutsche Bezeichnung Wohlduftraute besser. Auf jeden Fall stinkt's nicht so „gespiebm" wie unter fruchtenden Ginkgos. Es ist aber kompliziert mit der deutschen Namensgebung: Tausendblütenstrauch ist eine weitere Bezeichnung für den Bienenbaum – durchaus neutraler. Doch diese Beschreibung gilt wiederum nicht für alle Bäume, da rein männliche Exemplare keine einzige Blüte tragen.

Zu finden sind die aus China und Korea stammenden Bienenbäume (meine Lieblingsbezeichnung) jedenfalls in einigen größeren Wiener Parks wie dem Türkenschanzpark (die ältesten von ihnen wurden um 1980 gepflanzt) und zentraler im Resselpark, gleich neben dem Josef-Ressel-Denkmal. Aber auch auf die Rechte Wienzeile, an den Rand des Rosa-Janku-Park, hat es ein Exemplar geschafft. Die wärmeliebenden, mittelgroßen Bäume mit den unpaarig gefiederten Blättern fallen im Herbst durch ihre bräunlich-rot gefärbten Früchte auf, die bis in den November am Baum haften bleiben. Später verabschieden sich die Blätter dann fahlgelb Richtung Boden.

Wenn es nach mir ginge, sollte an jeder Ecke so ein Bienentschocherl stehen, dann hätten die Insekten im Sommer endlich genug zum „zuaschütten". Und könnten sich im Schatten der Stinkeschen mit Voodoo Jürgens im Gastgarten des Schmauswaberl die Kante geben und sich die Welt schönsaufen.

ROSSKASTANIE

(Aesculus hippocastanum)

Im Prater blüh'n wieder die Bäume – und das im Herbst!

Nein, weder einen Sonnenstich noch ein Hitzeschaden und auch keine Verwechslung der Jahreszeiten liegen hier vor. In der Stadt blühen die **Rosskastanien** *(Aesculus hippocastanum)* – und das Anfang September. Ich spreche nicht von prachtvollen Kastanien, die in Voll-

Die Blütenstände der Rosskastanie erscheinen mittlerweile auch im Herbst

blüte stehen und unser Herz im Frühling erfreuen. Was wir im Herbst 2024 beobachten konnten, war eine sogenannte *Notblüte*. Eine Stressreaktion, ein letztes Aufbäumen nach einem Sommer mit Hitzerekorden und langen anhaltenden trockenen Phasen. Die blühenden Bäume verlieren bereits im Sommer ihr braun werdendes Laub und setzen dann vereinzelt zu einer zweiten Blüte an. Sie wollen noch einmal Samen produzieren, um ihr Überleben zu sichern.

ADRESSE
Schuhmeierplatz 17, 1160 Wien

Anton Karas: Im Prater blüh'n wieder die Bäume (Robert Stolz)

Ursprünglich stammen die seit langem als heimisch geltenden Gewöhnlichen Rosskastanien aus Wäldern in Mittelgebirgslagen Griechenlands, Albaniens und Nordmazedoniens. Sie wachsen dort an schattigen und halbschattigen, frischen bis feuchten Standorten, gedeihen aber auch an vollsonnigen Plätzen. In Wien wurde sie erstmals 1576 gepflanzt und von hier aus über ganz Europa verbreitet. Rasch wurden sie zum Modebaum in fürstlichen Parks und Alleen, besonders die Habsburger haben sie in ihren Gärten geschätzt. Später im 19. Jahrhundert wurde die Kastanie zum Charakterbaum in Volksgärten und städtischen Grünanlagen und dann auch als Straßenbaum gepflanzt.

In Wien zählt sie noch immer neben Ahornen, Linden und Eschen mit über zehn Prozent Anteil zu den häufigsten Baumgattungen in den Straßen. Zunehmende Hitze und Trockenheit haben den Kastanien aber arg zugesetzt. Besonders der eingeschränkte Wurzelraum ist für die Bäume, die an natürlichen Standorten mit weitreichendem, tellerförmigem Wurzelwerk ausgestattet sind, ein Problem – es würde eigentlich bis zu acht Metern in die Tiefe reichen. Wenn

Mit der hochgewölbten Krone und den zahlreichen
Rispenblüten sind die Rosskastanien im Frühling ein Hit

nun auch noch „Schädlinge" und Krankheiten dazukommen, wird es eng für die Bäume.

Begonnen hat alles in den 1990er-Jahren mit Kleinschmetterlingen, der Miniermotte *(Cameraria ohridella)*, die zu Forschungszwecken von einem Österreicher von Makedonien nach Oberösterreich importiert wurden und vermutlich aus seinem Labor im Raum Linz entwichen sind (wurde aber von diesem nie offiziell bestätigt). Von dort aus hat sich der Schädling zuerst entlang der Hauptwindrichtung und über größere Distanzen durch den Straßen- und Bahnverkehr in den Osten und dann auf ganz Europa ausgebreitet. Fehlende Fressfeinde haben die Ausbreitung beschleunigt.

Nun sieht man die typisch in geschwungenen Linien verlaufenden Fraßstellen mit anschließender Braunfärbung ab Juni in der Mitte der Blätter. Weitere Krankheitserreger wie das *Bakterium Pseudomonas syringae pv. Aesculi* und Kleinstlebewesen wie Phytophthora-Arten können zum gänzlichen Absterben der Kastanien führen. Zusätzlich führt das im Winter ausgestreute Salz zu *Blattrandnekrosen* und einem vorzeitigen Blattfall in der folgenden Vegetationsperiode.

All das ergibt ein Bild der Kastanien, vor dem wir jetzt jeden Herbst stehen: kahle oder mit braunen Blättern behaftete, kranke Bäume mit teilweise spärlicher zweiter Blüte. Kein schöner Anblick, wenn man bedenkt, dass die Gemeinen Rosskastanien früher einmal eine herrliche gelbe Herbstfärbung entwickelt haben. Aber wer kann sich daran noch erinnern?

So muss wohl auch die letzte Textzeile von Robert Stolz umgedichtet werden: „Im Prater blüh'n wieder die Bäume. Es raschelt ihr vertrocknetes Braun. Da kommen die seligen Träume, denn Herbst ist wieder in Wien".

P.S.: Interessanterweise steht eine noch halbwegs vitale Rosskastanie am Schuhmeierplatz, Ecke Thaliastraße. Der 1904 gepflanzte Baum ist auch im Herbst meist noch grün und schaut verhältnismäßig vital aus. Anscheinend wird er durch den darunter fließenden Ottakringer Bach ausreichend mit Wasser versorgt, sodass er sich unterirdisch trotz starker Versiegelung des Umfeldes ein ausreichendes Wurzelsystem schaffen konnte.

BAUMHASEL

(Corylus colurna)

Ein Superfood – nicht nur für Eichhörnchen

Sobald dann endlich Schluss ist mit Tropennächten und Hitzestress, der Herbst mit tieferen Temperaturen kommt, warten Botaniker zu Recht auch auf Niederschläge – für die stressgeplagten Stadtbäume. Das Spätjahr ist auch die Zeit, um an Wintervorräte zu denken. Zum Beispiel ausreichend Nüsse zu sammeln. Diese wachsen in den Parks von Wien bekanntlich als Haselnüsse *(Corylus avellana)* auf Sträuchern, aber eben auch in den Straßen auf Bäumen als Türkische Haseln. Wenn sie den Eichhörnchen bei den **Baumhaseln** *(Corylus colurna)* zuvorkommen und das Superfood im Sinne der Selbstversorgung und Regio-

ADRESSE
Grünberg-straße 24, Gaßmann-straße, 1130 Wien; Prater-Arena-wiese, 1020 Wien

Juliana Chahayed: Squirrel Song

nalität einlagern wollen, dann ist Anfang September der richtige Zeitpunkt.

Dass die Nüsse der Baumhasel nur schwer zu knacken und nicht gerade reich an Haselnussgeschmack sind, darf dabei nicht stören. Die Nüsse, jede für sich umhüllt von zotteligen oder fransigen Fruchthüllen (die zufälligerweise Ähnlichkeit mit Morgenfrisuren aufweisen), fallen ab dem Spätsommer zu Boden, manchmal auch auf Autodächer. In manchen Jahren so stark, dass der Boden unter den Bäumen mit den Früchten bedeckt ist. Die breit-kegelförmige Gestalt mit der typischen kompakten Krone und dem geraden Stamm macht diesen Baum vom Wuchs her zum idealen Straßenbaum. Wären da nicht die Nüsse.

Das kennen wir auch von anderen fruchtenden Baumarten. Solche erfreuen weder die Stadtgärtner noch die Straßenreinigung und schon gar nicht die Fahrzeugbesitzer, die ihr Auto als Heiligtum betrachten. Aufgrund ihrer Trockenheitsverträglichkeit galten die Baumhaseln lange Zeit als Stadtbaum der Zukunft, man findet sie deshalb noch immer auf diversen Baumlisten. Die Baumart stammt ursprünglich, wie so viele Wiener Stadtbäume, aus Südosteuropa und Vorderasien.

In Wien aber fallen die Baumhaseln in den letzten Jahren nicht gerade durch besondere Fitness auf, können durch ihre Haselpollen allergische Reaktionen hervorrufen und scheinen auch nicht mehr im Wiener Straßenbaumsortiment auf. Viele Bäume zeigen zunehmend eine eingeschränkte Vitalität, sichtbar an einer schleichenden Verlichtung der Krone und massivem Blattverlust. Vermutlich führen Schwächepilze

Die fransige Fruchthülle der
Baumhasel erinnert an Morgenfrisuren

auf den Blättern und Trieben zum Absterben der Bäume. Ein solches trauriges Exemplar steht direkt beim Eingang zur Gartenbauschule Schönbrunn am „Gipfel“ des Grünen Berges und wartet auf seine Fällung.

Zum Glück gibt es gleich davor auf dem Parkplatz in der Gaßmannstraße einen vitaleren Baum, der 1976 gepflanzt wurde und noch ausreichend fruchtet. Wer noch ältere Baumhaseln in Wien beernten will, sollte sich in den Prater auf die Arenawiese begeben und dort den 1945 gepflanzten Baum mit der Nummer 132 und einem beachtlichen Stammumfang von 207 Zentimetern entdecken. Aber Beeilung! Die Eichhörnchen kennen den Baum auch schon.

MILCHORANGE

(Maclura pomifera)

Gefährliche Milchorangen: Wenn Gehirne vom Himmel fallen

In Zeiten des Klimawandels wundert uns nichts mehr. Auch nicht, dass nach wochenlanger Trockenheit und Hitze tagelange Starkregenereignisse in Kombination mit Sturmböen folgen. Klimaforscher und -forscherinnen sagen uns diese dramatischen Veränderungen schon lange voraus. Straßenbäume müssen diese Klimawandlungen zwangsläufig mitmachen, wenn sie überleben wollen. „Dank" ihrer Verwurzelung.

ADRESSE
Schmerlingplatz, Friedrich-Schmidt-Platz, 1010 Wien

AnnenMayKantereit: Orangenlied

Manche versuchen es mit der Strategie, mehr Samen auszubilden – davonlaufen ist für die Gehölze keine Option. Auf der Suche nach Bäumen, die den Veränderungen trotzen, rücken die Standorte in den Flusstälern immer stärker ins Blickfeld der Baumkundler. Hier herrschen Bedingungen, die mit städtischen Standorten vergleichbar sind: vollsonnige Ufer mit langen Trockenphasen und zeitweiligen Überschwemmungen.

In Flusstälern im mittleren Süden der USA wächst so ein sommergrüner, wärmeliebender, trockenheits-

Die ungenießbare Frucht der
Milchorange ähnelt einem Gehirn

verträglicher, aber ebenfalls überschwemmungsresistenter Baum mit dornigen Trieben, der bei uns die klingenden Namen Osagedorn *(Maclura pomifera)* oder Milchorange trägt. Dass der Baum mitten in Wien wächst, fällt erst jetzt im Herbst so wirklich auf. Denn da fallen die orangegroßen, runden, gelbgrünen Früchte, die in Form und Größe einem Gehirn ähneln, vom Himmel, sodass alle Jahre der Hauptweg im Botanischen Garten in Wien aus Sicherheitsgründen für einige Tage gesperrt werden muss.

Auch im 1. Bezirk, am Friedrich-Schmidt-Platz hinterm Rathaus, stehen große, fruchtende Bäume, die wohl noch bis 2028 von der U-Bahn-Baustelle umzingelt sein werden. 1910 gepflanzt, erreichen sie mittlerweile eine Baumhöhe von 15 bis zwanzig Metern und beachtliche Stammumfänge von bis zu 330 Zentimetern. Dass sie bei denjenigen, die für die Sicherheit im Straßenraum verantwortlich sind, nicht besonders beliebt sind, liegt am Fall der Früchte. Die Milchorangen, die dann den Boden zieren, sorgen immer wieder für Aufsehen und Verwunderung. „Sind die echt?"

Die gelbgrünen, pferdeapfelgroßen Kugeln sind botanisch gesehen zusammengesetzte *Sammelfrüchte* mit einem klebrigen Milchsaft. Also Vorsicht beim Aufheben! Reinbeißen ist auch nicht empfehlenswert. Sie sind zwar nicht giftig, aber bitter und ungenießbar. Vermutlich ist das der Grund, warum sie auch von Tieren nicht gefressen werden. Lediglich ihr angenehm leichter Duft nach Orangen ist für eine Luftverbesserung in Innenräumen nutzbar. Dass die Bäume insgesamt vital und gesund sind, verdanken sie ihrem fäulnisresistenten, harten Holz, aus dem die indigene Bevölkerung Nordamerikas die bedeutenden Bögen für die Jagd hergestellt hat. Dort wurde das oft mehrstämmige Gehölz mit seinen wehrhaften Dornen auch als lebender Zaun zur Weidevieh-Abgrenzung eingesetzt und war Vorbild bei der Entwicklung des hiesigen Stacheldrahts.

Der Einsatz der Milchorange als trockenheitsresistenten Straßenbaum der Zukunft scheiterte aber aufgrund der abfallenden Gehirngefahr im Herbst. Zwar fruchten nur die weiblichen Exemplare (ein männliches steht am Schmerlingplatz hinter dem Parlament), aber eine Unterscheidung ist erst nach zehn bis fünfzehn Jahren möglich. Eine dornenlose Sorte und eine mit riesigen Früchten, die knapp eineinhalb Kilo auf die Waage bringen, sind jedenfalls im Baumschulhandel schon verfügbar. Fehlt halt noch die verlässliche männliche, also „gehirnlose“, Sorte.

Vielleicht gibt es Pflanzenzüchter, die, ähnlich wie bei der Maulbeere, eine fruchtlose Sorte selektieren können. Immerhin gehört die *monotypische* Art ja auch zur Familie der Maulbeergewächse. Die Frucht gleicht auch bei genauerer Betrachtung einer übergroßen Maulbeere. Bis dahin müssen wir mit den fruchtenden Milchorangen leben und uns über die besonderen Orangen freuen, die einer Legende zufolge nur von den Dinosauriern gefressen wurden. Aber die haben bekanntlich den damaligen Klimawandel nicht überlebt.

GLEDITSCHIE

(Gleditsia triacanthos)

Kein Baum zum Kuscheln

Sie waren sicher schon mal auf der unteren Mariahilfer Straße zum Shoppen, Flanieren oder sind einfach nur durchgeradelt. Falls es länger her ist, dann sind Sie vielleicht noch mit dem Auto oder der Straßenbahn durchgestaut. In meinem Alter kann man sich noch an eine Mariahilfer Straße erinnern, die noch nicht Mahü genannt wurde. Die Einkaufsstraße hatte schmale Gehsteige, stinkende Autos, schaffnerlose Straßenbahnen und sie war vor allem eines: baumlos!

ADRESSE
Mariahilfer Straße, 1070 Wien; Felberstraße, 1050 Wien

Badsoma: Honey Locust Trees

Die bekannteste Shoppingmeile Wiens hat sich verändert, sie tut es laufend. Die in den 1980er-Jahren gepflanzten **Gleditschien** *(Gleditsia triacanthos)* prägen aber jetzt schon länger das bekannte Bild und machen aus der Konsummeile einen angenehm überschirmten Straßenraum mit hoher Aufenthaltsqualität. Nicht die zahlreichen Einkaufsketten und Gastrotempel, sondern der lichte Schatten der doppelt gefiederten Blätter, die sich im Herbst goldgelb verfärben, gibt der Straße den Flair und macht sie so besonders.

Dabei suchten die Stadtgärtner die schmalkronige, wenig fruchtende Sorte Skyline aus. Zum Glück hat sich die Alleensorte doch nicht als so schmalkronig herausgestellt. Mittlerweile wird der gesamte Straßenraum vom Blätterdach beschattet. Dass die Wahl nicht auf die reine Art fiel, war klar. Diese hat, im Gegensatz zu den zahlreichen Sorten, lange, gefährlich dreizackig verzweigte, furchterregend spitze und lange Dornen

Der auffällige Fruchtschmuck der Gleditschie bleibt über den Winter am Baum hängen

an Stamm und Ästen. Auch wenn Baumumarmungen eine heilende Wirkung nachgesagt werden, wäre ich in diesem Fall zurückhaltend.

Wer es trotzdem ausprobieren möchte, sollte in die Felberstraße fahren. Dort stehen diese schnell wachsenden Gewächse aus dem Vorland großer amerikanischer Flüsse direkt an der Straße. Die Gleditschien vertragen deswegen nicht nur nasse Böden, sondern auch

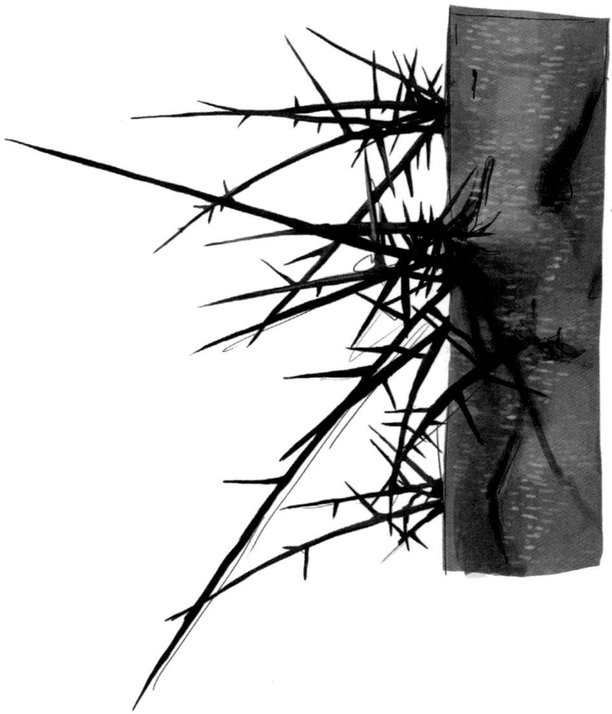

Lange Dornen am Stamm prägen die reine Art der Gleditschie

trockene Standorte. Das qualifiziert sie für städtische Standorte. Das Züchtungsziel für die Verwendung in der Stadt war klar: weg mit den gefährlichen Dornen. Aber auch die Früchte waren vielen ein Dorn im Auge. Die langen, flachen, gedrehten, dunkelbraun glänzenden, vierzig Zentimeter langen, ledrigen Hülsen gaben dem Baum den deutschen Namen Lederhülsenbaum. Der sehr auffällige Fruchtschmuck bleibt sogar bis in den Winter hinein am Baum hängen.

In Wien stehen neben der schon erwähnten Sorte Skyline die klingenden Namen Elegantissima, Inermis, Ruby Lace, Shademaster und die kleiner bleibende Sorte Sunburst. Leider vermisse ich immer noch die verspielt kurios wirkende Sorte mit gekräuselten Blättern namens Goofy. Auch bei dieser merkwürdigen Auslese finden wir weder Dornen noch Früchte.

Bleibt nur noch zu erwähnen, dass auch Bienen auf Gleditschien abfahren. Daher stammt auch die englische Bezeichnung „Honey locust“. „When the green Earth breaths, Overcast, Under locust leaves“, lautet der malerische Songtext der Band Badsoma. Listen, but don't hug!

SCHWARZNUSS

(Juglans nigra)

Welcome to the dark side of the tree

Willkommen auf der dunklen Seite der Bäume. Es geht hier nicht um Politik und Machtspiele, sondern um **Schwarznüsse** in Wien. *Juglans nigra,* die amerikanische Art der Walnuss, ist im Gegensatz zur eingebürgerten Art *Juglans regia* eine harte Nuss. Während bei heimischen Walnüssen ein gewöhnlicher Nussknacker reicht, benötigt es bei der Schwarznuss Spezialknacker, Typus Panzerknacker.

Auf den ersten Blick ähneln die grünen, kugeligen Nüsse mit ihrer dicken Schale einander, aber spätestens beim Schälen und Entdecken des *Steinkernes* sieht je-

ADRESSE Auer-Welsbach-Park, 1150 Wien

Pink Floyd: Dark Side of the Moon

der die Unterschiede. Die dickschaligen Kerne der Schwarznuss sind rau gerippt, grob und unregelmäßig gefurcht. Die aromatische, limettengrüne Fruchtschale hinterlässt aber da wie dort beim Schälen anhaltend bräunliche Flecken. Also besser Handschuhe anziehen, falls Sie zum Kern der Nuss vordringen wollen.

Und wenn Sie auch noch den Spezialknacker aus dem amerikanischen Fachhandel oder einfach einen größeren Hammer zur Hand haben, können Sie sich dem öligen Kern widmen. Der schmeckt leicht bitter, kräftiger, intensiver und erdiger als bei der gewöhnlichen Walnuss. Durch den herben, würzigen Geschmack mit leicht süßem Abgang eignen sich die Nüsse genauso zum Backen von Kuchen und Keksen. Roh genossen sind sie durch ihren intensiven Nachgeschmack aber nicht so beliebt.

Falls Ihre Neugier geweckt wurde, machen Sie doch einen Spaziergang in einem der größeren Wiener Parks. Dort steht fast überall zumindest eine stattliche Schwarznuss. Allein durch ihre leuchtende gelbe Herbstfärbung der *wechselständig* gefiederten Blätter sind sie sowieso nicht zu übersehen. Die Laubbäume gehören zu den ersten, die uns schon Mitte September mit verfärbtem Laub die Jahreszeit näherbringen. Ihre tiefrissige, graubraune bis schwärzliche *Borke* steht im Kontrast zur blonden Laubmähne.

Seitlich vom Technischen Museum lassen sich die Bäume und ihre Nüsse gut vergleichen, wachsen hier doch Schwarznuss und Walnuss direkt nebeneinander. Beide vereint über den gemeinsamen Gattungsnamen *Juglans* die Eigenschaft, dass die Wurzeln ein

Die Früchte der Schwarznuss sind nur schwer zu knacken

natürliches *Herbizid* namens Juglon absondern. Damit wird das Wachstum anderer Pflanzen unter den Bäumen reduziert und die Konkurrenz des Baumes um Wasser und Nährstoffe gestärkt. Genau deswegen sind die Schwarznüsse auch so großartige Schattenbäume und kommen noch dazu mit dem Stadtklima bestens zurecht.

Meine Lieblingsschwarznuss steht wie so viele besondere Bäume im Auer-Welsbach-Park. Der mit 1925 datierte Baum hat mittlerweile eine Höhe von 15 Metern und einen beachtlich ausladenden Kronendurchmesser von 18 Metern. Darunter wachsen nur spärlich ein paar Rasengräser. Welcome to the „dark" side of the tree.

AMBERBAUM

(Liquidambar styraciflua)

Indian Summer im roten Wien

Der Indian Summer ist ein besonders farbenreiches Wetterphänomen in Nordamerika. Es beschreibt eine ungewöhnlich trockene und warme Wetterperiode im Herbst. So eine Phase kennen wir auch in Mitteleuropa: Die Österreicher nennen sie Altweibersommer, die Deutschen sprechen vom Goldenen Oktober. Was sie gemein haben: Sie zeichnen sich durch eine gleichmäßige Witterung Ende September bis in den Oktober aus, die für gute Fernsicht sorgt, die Laubverfärbung intensiviert und den Laubfall einläutet.

Mittlerweile verbringen Millionen Touristen diese Zeit in den US-amerikanischen Bundesstaaten Vermont oder Massachusetts, um die Tage und Wochen des „fall foliage", also die Blattverfärbungen der Bäume, zu beobachten. Das „leaf peeping", also das Verfolgen, Beobachten und Fotografieren der Blattverfärbung, wird mittlerweile in Nordamerika als besondere

Kugelige Früchte und prächtige Herbstfärbung machen den Amberbaum im Herbst zum Star

Attraktion vermarktet. Hier verkauft sich am besten der Zucker-Ahorn, dessen Blätter sich von Grün nach Gelb, Orange, in leuchtendes Rot verfärben. Ein Farbspektrum, das wir in Wien in dieser Ausprägung und Leuchtkraft nicht finden werden.

Am ehesten kommt da noch die Herbstfärbung des in Wien leider zu selten ausgepflanzten Silber-Ahorns hin. Auch der Amberbaum *(Liquidambar styraciflua)*

ADRESSE
Kongresspark, 1160 Wien

The Doors: Indian Summer

stammt aus Nordamerika und kann mit seinem ahornähnlichen, nach Karotte mit einem Hauch von Mango duftenden Blatt und grauen *Korkleisten* an den Zweigen mithalten – aber nur dann, wenn er am richtigen Standort steht. Denn amerikanische Amberbäume lieben saure Böden, und die finden wir in Wiens Straßen und Parks sehr selten. Wenn der Boden aber passt, dann zaubern die „Sweet Gum“-Bäume einen „Little Indian Summer“ im roten Wien. Also, Flugticket sparen und mit dem Klimaticket im 2er-Wagen zum Kongresspark fahren und das Naturphänomen billiger und umweltfreundlicher beobachten und fotografieren!

Hier hat das Stadtgartenamt ein Moorbeet angelegt, das für den sauren Boden sorgt, und den Rand mit Amberbäumen bepflanzt. Als Parkbaum hat es in Wien auch eine englische Selektion namens Worplesdon geschafft. Die anfangs schmalkronigen Bäume mit durchgehend geradem Stamm und elegant geschnittenen, tief gelappten Blättern bilden auf den Ästen keine Korkleisten aus. Im blattlosen Zustand kann man die Sorte von der Art so einfach unterscheiden. Die unauffälligen Blüten werden zu verholzten, igeligen *Kapselfrüchten*, die wie Weihnachtsschmuck über den Winter am Baum hängen bleiben.

Die noch sehr jungen Sorten werden in kleineren Parks wie dem Clemens-Krauss-Park im 17. Bezirk getestet. Mal sehen, ob das rote Wien auch mit der Herbstfärbung mithalten kann. Bei höheren pH-Werten im Boden, also basischen Werten, können *Chlorosen* auftreten: Mangelerscheinungen, die den Baum schädigen. So färben sich die Blätter im Herbst nur mehr gelb. Auf jeden Fall aber vertragen Amberbäume längere trockene Phasen und kommen auch mit zeitweiligen Überschwemmungen zurecht – alles Wetterphänomene, mit denen in Zukunft sicher häufiger zu rechnen ist.

Im schlimmsten Fall, wenn die Bäume in Wien nicht zufriedenstellend wachsen, können wir sie im Frühling schälen und das in den Bäumen vorhandene Storaxharz zu Kaugummi verarbeiten. Da wäre mir ein leuchtend roter Indian Summer unter gesunden Amberbäumen – mitten im roten Wien – schon viel lieber.

TULPENBAUM

(Liriodendron tulipifera)

Goldgelbe Laubpracht unter anhaltendem Hochnebel

Haben Sie schon das neue Wien Museum am Karlsplatz besucht? Wenn nicht, dann bietet sich vor allem an windigen und von Hochnebel geprägten Tagen des Spätherbsts eine gute Gelegenheit dazu. Aber nicht gleich ins Museum stürmen, sondern vorher die gerade erst gepflanzten **Tulpenbäume** *(Liriodendron tulipifera)* mit ihrem im Herbst prachtvollen, sonnengelb leuchtenden Laub bewundern. Sie spiegeln sich sogar in der Glasfassade.

Die ungewöhnliche und unverwechselbare Blattform (und nicht die namensgebenden Blüten) machen den aus dem östlichen Nordamerika stammenden

Baum so einzigartig. Die langgestielten, bis zu zwanzig Zentimeter großen, ganzrandigen Blätter sind auffällig vierfach gelappt. Wobei jeweils zwei große Lappen an der Blattbasis und zwei kleinere an der Blattspitze zu finden sind. Zwischen den Lappen ist die Blattform eingebuchtet, sodass sie mit ein wenig Fantasie einem Katzengesicht gleichen. Die herbstlich goldgelb gefärbten Blätter sind im Sommer an der Oberseite frischgrün und an der Unterseite bläulich-grün. Darunter verstecken sich in den hochkronigen Bäumen Ende Mai bis Anfang Juni die in Form und Größe kelchartigen – und eben tulpenähnlichen – Blüten. Sie sind schwefelgelb bis gelbgrün, innen an der Basis orangefarben.

ADRESSE
Karlsplatz, 1040 Wien; Siebeckstraße/ Donizettiweg, 1220 Wien

Tiny Tim: Tip Toe Thru' the Tulips with Me

Der leichte Duft der Blüten ist nicht vergleichbar mit intensivem Rosen- oder Fliederduft, er ist eher subtil und dennoch angenehm. Die im Alter mächtigen, schnell wachsenden Bäume mit ihrem schlanken, geraden Stamm, einem meist durchgehenden *Leittrieb* und einer pyramidalen, im Alter hoch aufgewölbten Krone, würden den Baum eigentlich als Straßenbaum auszeichnen. Doch seine oft tief überhängenden Zweige im unteren Kronenbereich machen ihn für das benötigte *Lichtraumprofil* an der Straße schwierig. Außerdem benötigen Tulpenbäume mit ihrem *Herzwurzelsystem* einen großen Wurzelraum: Sie lieben nährstoffreiche, tiefgründige Böden, die im Straßenraum selten vorzufinden sind.

Dafür sind die in Parks gepflanzten Tulpenbäume meist umso schöner. Zum Beispiel der über hundert Jahre alte Liriodendron im Rathauspark mit seinem beachtlichen Stammumfang von 268 Zentimetern.

Eine Ähnlichkeit mit der Tulpenblüte sind den Blüten des Tulpenbaums nicht abzusprechen

Oder der für die Wiener in Transdanubien leichter erreichbare und etwas jüngere Tulpenbaum im Schulgarten Kagran mit immerhin 243 Zentimetern Stammumfang.

Beim beliebten Trend, Bäume in Säulenform zu bringen, können die Tulpenbaumsorten Arnold und Fastigiatum mit ihrem straff aufrechten Wuchs gut mithalten. Die Stadtgärtner pflanzten sie am Keplerplatz oder in Parkanlagen wie dem Währinger Park. Die schmalen Sorten färben jetzt im Herbst genauso leuchtend goldgelb aus. Bleibt noch die besondere *panaschierte* Sorte Aureomarginatum mit gelben bis grünlich-gelben Blatträndern. Da wachsen die schönsten und ältesten Bäume im Donaupark im 22. Bezirk.

Und sollte mal ein Tulpenbaum gefällt werden müssen, denken Sie an das Projekt Stadtholz, eine Initiative, die eine nachhaltige Nutzung von städtischen Holzressourcen in Wien fördert. Der von Dóra Medveczky, Fabio Spink und Orest Yaremchuk gegründete Verein „Stadtholz" stellt die Verarbeitung und Verteilung dieses Holzes zur Diskussion. Die frühen nordamerikanischen Siedler stellten aus einem einzigen Stamm von Tulpenbäumen jedenfalls lange, sehr leichte Kanus her. Stellen Sie sich vor, wie es wäre, mit einem solchen Stadtkanu den „Tiny Tip Song" pfeifend die Donau von der Kuchelau bis zur Freudenau zu paddeln! Ich wäre auf jeden Fall dabei.

SUMPFZYPRESSE

(Taxodium distichum)

Rein in den Sumpf!

Vielleicht denken viele in Österreich, es betreffe sie nicht. Aber Sümpfe spielen hierzulande eine große Rolle – und das immer mehr. Obwohl Entwässerungen und *Meliorationen* in der Landschaft lange als gute Sache galten und für Fortschritt in der Bodenbewirt-

Farbspektakel der Sumpfzypresse im Herbst

ADRESSE
Viertel Zwei, 1020 Wien; Pötzleinsdorfer Schlosspark, 1180 Wien; Schönbrunner Schlosspark, 1130 Wien

Ernst Molden; Frauenorchester: Duachn Sumpf

schaftung standen. Rudolf Kirchschläger, ehemaliger Bundespräsident, mahnte das im Zusammenhang mit der Aufarbeitung des AKH-Skandals – einer der größten Bauskandale der Geschichte der Republik – schon im Jahr 1980 an. Bei der Eröffnung der Internationalen Landwirtschaftsmesse in Wels sprach er vom Trockenlegen von Sümpfen und sauren Wiesen, um politisch korrupten Netzwerke an der Wurzel zu packen.

Eine Trockenlegung landwirtschaftlich ungenutzter Flächen war damals positiv besetzt. Heute wissen wir, dass Sümpfe und saure Wiesen im Artenschutz und bei der Renaturierung eine wichtige Rolle spielen: Sie können Niederschläge halten und bieten vielen seltenen Arten Unterschlupf. Und dazu zählen natürlich auch bestimmte Bäume, die an diese speziellen Ökosysteme angepasst sind.

Sumpfzypressen *(Taxodium distichum),* aus Nordamerika stammende *Koniferen,* sind ein Beispiel dafür. Dass die Zypresse auch im Sumpfland, in Überschwemmungsgebieten und in Flussniederungen überleben kann, verdankt sie der Ausbildung sogenannter *Atemknie.* Das sind auffällige, kegelförmige Auswüchse aus flachstreichenden Seitenwurzeln. Die nach oben wachsenden Wurzeln ermöglichen den Bäumen, in wassergesättigten, sauerstoffarmen Böden zu überleben und ihre Standfestigkeit bei Sturmböen oder bei Tornados zu erhöhen.

Als sommergrüner, laubabwerfender Nadelbaum ist die Zypresse vergleichbar mit der heimischen Lärche und bietet besonders im Herbst ein spektakuläres Farbenspiel. Der Laubwechsel von warmen orangen Farben hin zu Brauntönen ist beeindruckend. Beobachten lässt sich das auch in Wien. Im Stadtentwicklungsprojekt „Viertel Zwei" zwischen der U-Bahn-Station Krieau und dem Prater pflanzten Stadtgärtner Sumpfzypressen direkt in den künstlich angelegten See. Sie spiegeln sich in den kühlen und anonymen Glasfassaden und lassen ein Stück Nordamerika-Großstadt-Feeling aufkommen. Lässig am Tag, *pratergespenstisch* und ein Sumpf der Traurigkeit in der Nacht.

Langsam, aber merklich heben die nach Luft gierenden Wurzeln der Zypressen die algigen Betonsteinplatten an. Die Aufenthaltsqualität lässt deshalb allmählich zu wünschen übrig. Dann doch lieber in den Donaupark spazieren! Da wurden nahe der Donau, auf hohen Grundwasserspiegeln, schon vor der Eröffnung der Wiener Internationalen Gartenschau 1964 die meisten Sumpfzypressen Wiens gepflanzt. Oder raus in den Pötzleinsdorfer Schlosspark, dort stehen die mächtigsten Sumpfzypressen direkt am Schlossparkteich.

Die Wurzelknie lassen sich auch gut an der Zypresse im Holländisch-Botanischen Garten von Schönbrunn begutachten. Hier wurden sie fein säuberlich freigelegt und sind damit auch für Baum-Unkundige ersichtlich. Aber Vorsicht vor der Verwechslung mit dem meist in Nachbarschaft gepflanzten und ebenfalls sommergrünen und laubabwerfenden Urweltmammutbaum. Die Unterscheidung ist über die *Borke*, die Nadelstellung und an den Zapfen auch für Nicht-*Dendrologen* möglich. Also, Gummistiefel anziehen, Pflanzenbestimmungsapp starten und raus in die Parks, durch den Sumpf und auf die sauren Wiesen!

UNGARISCHE EICHE

(Quercus frainetto)

Trump, eine Ungarische Eiche?

Amerika hat einen neuen Präsidenten. Und unter den ersten Gratulanten nach der Wahl Donald Trumps im Herbst 2024 befand sich (nicht sehr verwunderlich) der ungarische Ministerpräsident Viktor Orbán. Was das jetzt mit Wiener Stadtbäumen zu tun hat, fragen Sie sich? Mir ist zu Trumps Wiederwahl und Orbáns Gratulation sofort Quercus frainetto ‚Trump' in den Sinn gekommen, die **Ungarische Eiche** in der Auslese Trump. Kein Schmäh, die gibt es wirklich.

ADRESSE
Schloss Hetzendorf, Hetzendorfer Straße 79, 1120 Wien; Staudingergasse, Ecke Wallensteinstraße, 1200 Wien

Mirel Wagner: Oak Tree

Die in Holland gezüchtete, schnellwüchsige Selektion hat eine steil aufragende und uniforme Wuchsweise. Die typisch regelmäßigen, verkehrt-eiförmigen und gelappten Eichenblätter sind bis zu zwanzig Zentimeter groß, glänzend und in einem fast metallisch wirkenden Dunkelgrün gefärbt. Die Unterseite dagegen ist heller. Sowohl die Eichelfrüchte, die bis zur Hälfte von einem Becher umgeben sind, als auch die Blätter sind sehr kennzeichnend für diese speziell schmal und aufrecht wachsende Sorte.

Noch finden wir in Wien keine hitzeverträglichen, trockenresistenten, stadtklimafesten, wärmeliebenden Trump-Selektionen der Ungarischen Eichen, aber sie werden bereits als vielversprechender Zukunftsbaum in den Baumschulen vermehrt und angepriesen. Ich stimme dieser Zuschreibung zu, bin allerdings für eine Umbenennung der Sorte!

Straff aufrechter Habitus der Ungarischen Eiche

Ungarische Eichen sind in Wien als gewöhnliche Art ohne Trump zu finden. So steht ein Prachtexemplar mit über 200 Zentimetern Stammumfang im Schlosspark der Modeschule Hetzendorf. Ein weiteres in der Wallensteinstraße, Ecke Staudingergasse. Der 15 Meter breite und hohe Baum prägt die Situation des kleinen Platzes vor einer Papierladenkette und stellt die schmale Selektion der aus China stammenden Blasenesche daneben wahrlich in den Schatten.

Doch etwas trübt die Euphorie über die Anpassungsfähigkeit der Eichen an den Klimawandel: Der zunehmende Befall mit Eichennetzwanzen *(Corythucha arcuata)* nimmt wiederum – leider – durch die Klimaveränderung zu. Die 2019 erstmalig in der Steiermark entdeckten Insekten sind mittlerweile in Wien angekommen. Also, Eichenblätter umdrehen und nach den Gelegen, den Nymphenstadien und deren Kotträpfchen Ausschau halten. Durch den Befall mit den Wanzen vergilben und vertrocknen die Blätter vorzeitig, und wir sehen ein ähnliches Phänomen, wie wir es schon von den Rosskastanien und den Miniermotten kennen. Und so kommt's, dass uns wieder einmal keine ausgeprägte Herbstausfärbung vergönnt ist.

Anscheinend sind Amerikanische Roteichen keine geeigneten Wirte für die Eichennetzwanzen, diese vertragen allerdings die kalkhaltigen Wiener Böden nicht gut. Also alles nicht so einfach, wie schon der ehemalige Bundeskanzler Fred Sinowatz erkannte!

Dazu kommt auch noch der Befall mit dem Eichenprozessionsspinner. Finger weg von den Nestern der

Raupen, ihren abgebrochenen Haaren, Raupenhäuten und Kotkrümeln. Neben Rötungen und stark juckenden Hautausschlägen kann auch das Einatmen der Raupenhaare zu schweren Asthmaanfällen führen. In diesem Sinne gilt es im Frühsommer in Wien wohl den Ratschlag auf den Hinweisschildern des Stadtgartenamtes zu befolgen: Eichen zu weichen. Man braucht keine Schilder, um zu wissen, dass man sich auch von Trump und Orbán fernhalten sollte. Trotzdem, im Hörndlwald unter den Eichen von einer besseren Welt zu träumen, ist immer noch möglich. "So, if you walk in the woods and you see / A big old oak tree / Tread carefully, please / 'Cause I'm dreaming underneath / And I dream / Dream, dream, dream sweet dreams" (Mirel Wagner: Oak tree).

ZÜRGELBAUM

(Celtis australis)

Der perfekte Südtiroler

Haben Sie schon einmal in Südtirol Süßspeisen probiert, die nach Marzipan schmecken? Dann wurde vielleicht eine Zutat verwendet, die auf südtirolerisch „Zürgeln" genannt wird. Die erbsengroßen *Steinfrüchte* des **Zürgelbaumes** sind leicht mehlig – und schmecken nach Marzipan. Leider kam ich noch nicht in den Genuss, kann Ihnen also auch nicht erzählen, wo und ob man diese in der nördlichsten Provinz Italiens verkosten kann.

ADRESSE
Ottakringer Straße, Ecke Wattgasse, 1160 Wien

The Balfa Feres: Hackberry Hop

Vielleicht ist es in Zukunft aber gar nicht mehr notwendig, in den Süden zu reisen. Denn die Wiener Stadtgärtner pflanzten in den vergangenen Jahren mehr als 3.000 Zürgelbäume. Ich habe schon den leicht sarkastischen Spruch vernommen, dass die Stadt, sollten weiter so viele Zürgelbäume gepflanzt werden, bald statt Wien Zürgelhausen heißen wird. Aber Scherz beiseite, der Zürgelbaum ist derzeit der beliebteste Straßenbaum. Er ist ideal, übersteht er doch Hitze- und Trockenperioden, Salzeintrag, Abgase und eine Verdichtung der Stadtböden sehr erfolgreich.

Die *Evapotranspiration,* also die Verdunstungsleistung, ist bei den im Alter weit ausladenden Bäumen um ein Vielfaches höher als bei einfachen Rasenflächen. Somit kühlen Zürgelbäume wesentlich besser als viele andere Begrünungsmethoden. In Italien wird der Zürgelbaum auch „Spaccasassi" genannt, was so viel wie Steinspalter heißt. Wohl ein Hinweis auf die Eigenschaft, mit seinen Wurzeln durch härtestes Gestein dringen zu können, um Wasser und Nährstoffe zu erschließen.

Botanisch gesehen gehört der Zürgelbaum heute in die Familie der Hanfgewächse (Cannabaceae) und heißt wissenschaftlich *Celtis australis.* Vorsicht vor der fälschlichen Behauptung, dass er aus dem fernen Kontinent stammt! Die lateinische Artbezeichnung „australis" steht in der Botanik für südlich und nicht für Australien. Der Zürgelbaum ist somit ein echter Südeuropäer, stammt ursprünglich aus dem Mittelmeerraum, findet sich aber auch in der Türkei und

Frucht und Blatt des Südlichen Zürgelbaums

den nördlichen Teilen Afrikas. In Teilen Südtirols befindet sich seine nördlichste natürliche Verbreitungsgrenze. Er wächst dort in den lokalen Flaumeichenwäldern.

In Wien wurde *Celtis australis* ab den 1950er-Jahren vermehrt als Straßenbaum gepflanzt. Im oberen Abschnitt der Ottakringer Straße gleich nach der Wattgasse stehen meine Lieblingszürgelbäume. Jetzt im Frühling treiben die Bäume (spät, aber doch) gelbgrünlich aus. Keine Angst vor den Blättern! Sie schauen nur wie Brennnessel aus, besitzen aber keine *Nesselhaare* und können unbedenklich berührt werden. Aber Achtung vor der Verwechslung mit den sehr ähnlichen Blättern von *Celtis occidentalis,* dem nördlichen Zürgelbaum, einer amerikanischen Celtis-Art, die nicht so häufig, aber doch auch in Wien, zum Beispiel in der Josefstädter Albertgasse, zu finden ist.

Am besten erkennt man *Celtis australis* an der silbergrauen, buchartigen, glatten Rinde und dem verdickten *Stammfuß* (Elefantenfuß) bei älteren Bäumen. So toll und klimatauglich der Zürgelbaum auch ist, sollten die lieben Stadtgärtner nicht vergessen, auch andere Bäume zu pflanzen. Biodiversität ist immerhin auch in der Stadt wichtig.

ITALIENISCHER AHORN

(Acer opalus)

Die Verahornung Wiens

Wien verahornt. Ja, den Begriff gibt es wirklich (es gibt ja auch Verbuschung). Die meisten Sämlinge in den Parks und Gärten der Stadt stammen nicht nur von den so angefeindeten Götterbäumen, sondern auch von aufkeimenden Ahornen, meist **Spitz-Ahornen** *(Acer platanoides)*. Die gepflanzten heimischen Ahorne machen in Wien weit mehr als fünfundzwanzig Prozent der Stadt- und Straßenbäume aus. Die beiden Hauptvertreter – Spitz- und Berg-Ahorn – stehen aber schwer unter Druck. Hitze und Trockenheit und Auftausalze mögen die beiden gar nicht. Doch davon gibt es leider reichlich.

Der Berg-Ahorn kommt ursprünglich aus den kühlfeuchten Bergschluchten der mittleren und höheren Lagen Mitteleuropas und ist deshalb naturgemäß nicht gerade hitzeinsel-tauglich. Der Spitz-Ahorn, als Baumart der Tieflagen, ist jener Ahorn, der in der Stadt am leichtesten keimt und in Nordamerika als böser Neophyt gilt, die Verahornung auch in den USA vorantreibt und mittlerweile bekämpft wird.

Obwohl die Keimfähigkeit so hoch ist, machen die Bäume in Wien Probleme. Begutachten Sie mal die in den Straßen stehenden Spitz- und Berg-Ahorne genauer und Sie werden bemerken, wie lückig die Baumkronen mittlerweile sind und in welch schlechtem Vitalitätszustand sich diese insgesamt befinden. Als robuster heimischer Vertreter, der Hitze und Trockenphasen

ADRESSE
Forschneritschpark, entlang Eduard-Süß-Gasse, 1150 Wien; Johannesgasse 35, 1030 Wien

Conny Froboess: Zwei kleine Italiener

etwas besser übersteht, bleibt nur der Feld-Ahorn, den die Stadtgärtner nicht ohne Grund in den letzten Jahren häufiger auspflanzten. Dass mich die meistverwendete Straßenbaumsorte Elsrejik im Wuchs an eine struppig-zerzauste Ratte erinnert, macht mein ästhetiksuchendes Auge nicht wirklich glücklich. Auch aufgrund seiner Langsamwüchsigkeit zählt diese Art nicht zu meinen bevorzugten Baumfavoriten.

Da kommt als Zukunftsbaumart mal wieder eine Art aus dem Süden ins Spiel – der Italienische Ahorn *(Acer opalus)*. Dass dieser in Wien schon länger als Parkbaum verwendet wird und noch dazu hervorragend wächst, wird den meisten entgangen sein. Ahornarten auseinanderzuhalten ist nicht ganz einfach.

Das variantenreiche Blatt ist als typisches Ahornblatt leicht identifizierbar. Nicht Botanik-Affine werden es aber eher für ein Blatt der drei heimischen Ahorne halten, denn wer kennt denn schon *Acer opalus*? Es ist ja so schon nicht einfach, Feld-, Berg- und Spitz-Ahorn-Blätter exakt auseinanderzuhalten. Vor allem weil die Blätter des Italienischen Ahorns allein schon sehr variantenreich daherkommen. Da hilft oft eher der Blick auf Knospen und Fruchtstände, um eine exakte Zuordnung treffen zu können.

Die Art Opalus ist eine sogenannte *polymorphe Sammelart* aus drei verschiedenen separaten Spezies, laut seiner botanischen Zuschreibung wärme- und hitzeliebend und auch noch trockenheitsresistent. Die Bäume können auch bei sehr niedrigem Wasserpotenzial ihre *Photosynthese*- und Transpirationsleistung beibehalten. Eine notwendige und brauchbare Eigen-

Prachtvolle Herbstfärbung
des Italienischen Ahorns

schaft bei den letzten und auch zukünftig prognostiziert ausbleibenden Sommerniederschlägen.

Dass der fremde Ahorn über einen italienischen Botaniker namens Guiseppe erstmals in Wien im Prater ausgepflanzt wurde, ist nur eine Halluzination der künstlichen Intelligenz und wissenschaftlich nicht belegt. Sehr wohl nachvollziehbar: Gärtner setzten um 1900 zwei Italienische Ahorne unweit des Meiselmarktes, im unaussprechlichen Forschneritschpark. Leider mussten Mitarbeiter der Wiener Stadtgärten diesen unlängst aufgrund von Pilzbefall entfernen (so die Erklärung). Am zweiten, noch lebenden Exemplar lassen sich die verschiedenen Blattvariationen studieren.

Auch hinter dem Verwaltungsgebäude des Stadtgartenamtes stehen ein Italienischer Ahorn, ein Spitz-, ein Berg- und ein Feld-Ahorn gleich nebeneinander – hier kann man herrlich üben, sie auseinanderzuhalten! Vergleichbar wären übrigens die Blätter des *Acer opalus* auch mit jenen des Gemeinen Schneeballs *(Viburnum opulus)*, weswegen er den zweiten deutschen Namen „Schneeballblättriger Ahorn" bekam.

Am meisten Freude macht mir der Baum jedenfalls im Herbst. Dann scheinen seine Blätter intensiv leuchtend orange bis rot. Zur genauen Bestimmung der Art rate ich, hier die typischen Früchte heranzuziehen. Die bei Kindern beliebten Früchte (Nasenklemme! Hubschrauber!) stehen beim Italienischen Ahorn spitz- bis rechtwinklig zueinander.

Falls Sie nun durch die Beschreibung noch mehr verunsichert sind, irgendwann aber einmal unter einem Ahornbaum zu stehen kommen, rate ich zur Handybestimmung mit einer der vielen Pflanzenbestimmungsapps (ich bevorzuge „Plantnet"). Diese liefern inzwischen erstaunlich häufig zutreffende Ergebnisse.

GINKGO

(Ginkgo biloba)

Ottakrings' slow motion Bäume

Haben Sie schon mal Pflanzen beim Wachsen zugesehen? Bei manchen fällt das nicht schwer. Beim **Ginkgo** wünsche ich Ihnen aber viel Spaß und vor allem aber Geduld. Ginkgobäume zählen zu den – vor allem in der Jugendphase – am langsamsten wachsenden Straßenbäumen. Gut zu beobachten etwa auf der unteren Ottakringer Straße. Dort pflanzte die Stadt vor mehr als zehn Jahren Ginkgobäume. Sie sind seither nur minimal gewachsen, weder was die Trieblänge noch den Stammumfang betrifft. Zu erkennen sind die Ginkgos sehr einfach: entweder am typischen fächerförmigen und breiten Blatt, das in der Mitte eingekerbt ist (dieses Blatt inspirierte übrigens schon Goethe), oder im laublosen Zustand im Winter am sogenannten *sparrigen Wuchs*, mit den zur Seite abstehenden Ästen und den darauf befindlichen *Kurztrieben*.

Die botanische Schreibweise *Ginkgo biloba* mit „k" und „g" ist gewöhnungsbedürftig. Die deutsche Variante verzichtet laut Duden auf das „g". Unsicherheit gibt es auch in der Systematik. Ginkgogewächse werden weder den Nadel- noch den Laubbäumen zugeordnet, sondern bilden eine eigene Gruppe. Zwar ähneln die „Laubblätter" auf den ersten Blick jenen von Laubbäumen, also den *Bedecktsamern*, jedoch ist der Ginkgo näher mit den Nadelbäumen und damit mit den *Nacktsamern* verwandt. Botaniker führen den Ginkgo deshalb in Pflanzenkatalogen auch bei den Nadelgehölzen. Zu

ADRESSE
Untere Ottakringer Straße, 1160 Wien

Wolfgang Ambros: Wem heut net schlecht is

Blatt und Frucht: ein
besonderes Erlebnis beim Ginkgo

welchem Geschlecht die Bäume gehören, lässt sich übrigens erst nach zehn Jahren sagen. Dann beginnen die Bäume nämlich zu fruchten (weibliche) oder eben nicht (männliche). Wenn sie Früchte bilden, feiern Asiaten ein großes Fest. Für europäische Nasen ist der Duft aber eine Herausforderung: Die Samenschale, eine fleischige Schicht um den Samen, riecht nach Buttersäure. Oder genauer gesagt: Sie stinkt nach Erbrochenem.

Bei der Wirtschaftsuniversität entlang der Südportalstraße pflanzten die Zuständigen vor zehn Jahren männliche, schmalwüchsige Selektionen unter den Namen Princeton Sentry und Autumn Gold. Trotzdem dürften sich hier einige fruchtende Bäume daruntergemischt haben.

Wer den fünfzig Jahre alten Ginkgos hinter dem Reumannplatz in der Gellertgasse beim Wachsen zugesehen hat, wurde für seine Geduld belohnt. Sie haben ansehnliche Baumhöhen und Kronendurchmesser erreicht. Ginkgos sind sehr hitze- und trockenheitsverträgliche Stadtbäume, unempfindlich gegenüber Luftschadstoffen und resistent gegen Insektenfraß und Pilzerkrankungen. Und sie zählen zu den ältesten Bäumen der Welt.

Und jetzt kommt's, in Ottakring haben sich doch viele weibliche Pflanzen unter die gepflanzten Bäume gemischt und fruchten schon fleißig. Meine Nase hat es mir verraten. Inzwischen halten wir es einfach mit Wolfgang Ambros: „Wer no ned gspiebn hot, trinkt no a Glaserl Wei" Und weiter: ‚Do foahr ma dann von Grinzing haam und monchmoi foahr ma an an Baam."
Wird hoffentlich kein Ginkgo gewesen sein.

SAND-BIRKE

(Betula pendula)

Schilderwald im Stadtwald

Umbau steht an! Die Stadt nimmt immer wieder Plätze neu in Angriff. Schluss mit dem tristen, grauen Einheitsbrei, her mit Grünflächen, Wasser und Entsiegelung – oder doch nicht? Einen typischen Fall konnte man 2024 am neu gestalteten Neubauer Christian-Broda-Platz beobachten. Hier hat die Stadtverwaltung beim Umbau der Eingangspforte zur Mariahilfer Stra-

ADRESSE
Gänsehäufel, 1220 Wien; Wasserpark, 1210 Wien; Hermesstraße, 1130 Wien

Bilderbuch: Auf Sand gebaut

ße versucht, alles richtig zu machen – und möglichst viele, derzeit in der Landschaftsarchitektur beliebte und auch nachweislich stadtklimaverändernde Maßnahmen gesetzt.

Laut Aussendung der Stadt Wien wandelte sie 1.300 Quadratmeter versiegelter Asphaltflächen in Grünflächen um, pflanzte 35 neue Bäume (sechs davon in der bei Eröffnungspolitikern jedweder Parteifarbe beliebten XL-Qualität), installierte Wasserspiele und stellte 46 neue Holz-Verkehrsschilder aus heimischer Produktion auf. Interessant, dass mehr Schilder als Bäume gepflanzt wurden. Also doch eher Schilderwald als Stadtwald?

Nicht ganz. Die sonst gebräuchlichen, energieintensiven Aluminiumschilder ersetzte die Stadtregierung durch nachhaltigere Holzschilder aus Pappel- oder Birkenholz. Dass lebende Birken fast gänzlich aus den Straßenfreiräumen verschwunden sind, hat aber nichts mit dieser alternativen Produktion zu tun, sondern mit der nachhaltig wirksamen Versiegelung der Stadt und den oft *gestörten* (Vorsicht! Fachbegriff) und stark verdichteten, porenlosen und lehmigen, oft auch staunassen Stadtböden.

Vor allem die heimische **Sand**- oder **Hänge-Birke** *(Betula pendula)* mag solche Standorte gar nicht. Wie im Namen ersichtlich steht sie auf sandigen, gut durchlässigen Böden. Ihr *Herzwurzelsystem* mit intensiven, flachstreichenden, oberflächennahen Feinwurzeln kann sich an natürlichen Standorten in einem Radius von acht bis zwölf Metern ausbreiten. Als typisches, schnell wachsendes *Ammengehölz* schafft sie

Herabhängende Zweige und
weiße Rinde mit Korkwarzen
prägen das Bild der Sand-Birke

an Naturstandorten ein Mikroklima mit ausreichend Schatten und eine Bodenverbesserung für junge oder empfindliche Bäume. In der Stadt als Straßenbaum gepflanzt, kann sie diese Funktion klarerweise nicht erfüllen. Außerdem wird sie aufgrund ihrer allergenen Wirkung zunehmend unbeliebt, gehört sie doch im Frühling, während der Blütezeit, zu den Hauptauslösern von allergischen Reaktionen.

In den schon früh aufgeheizten Hitzeinseln kann mittlerweile die Blütezeit sogar schon Ende Februar oder Anfang März beginnen. Dann fliegen die von den männlichen Kätzchen produzierten Pollen je nach Windstärke oft auch über weite Strecken und verursachen Niesen, Juckreiz und mitunter starke Atembeschwerden bei anfälligen Menschen. Und in Wien geht ja bekanntlich immer der Wind. Also wird empfohlen, keine Birken mehr in der Nähe von Wohngebieten zu pflanzen.

Das war's dann wohl mit den Birken in der Stadt. Für Nichtallergiker und außerhalb der Pollenzeit auch für Allergiker sehenswerte Exemplare finden sich noch zuhauf im Gänsehäufel in der Donaustadt und im Wasserpark an der Oberen Alten Donau. Als eine der letzten langen Birkenalleen stehen noch einige Exemplare entlang der Hermesstraße in Hietzing Richtung Lainzer Tiergarten. Die Birken sind dort – nach einer schönen, goldgelben Herbstfärbung – leicht an der hellen, weißen, oft typisch in papierartigen Streifen abschälenden Rinde erkennbar. Die weiße Farbe reflektiert Sonnenlicht und schützt den Baum auf natürliche Weise vor Überhitzung. Damit benötigen Birken keinen Weißanstrich, der bei vielen anderen Alleebaumarten bei der Neupflanzung mittlerweile routinemäßig gemacht wird.

Bei älteren Exemplaren kommen die *Korkwarzen* stärker zum Vorschein und die rissige *Borke* erscheint dadurch dunkler. Bei Nachpflanzungen der übrig gebliebenen, traurig wirkenden Hänge-Birken wurden hier aber keine Birken, sondern zumeist Blumeneschen verwendet. Meine Lieblingsbetula ist allein schon wegen ihres schön klingenden botanischen Namens *Betula utilis var. jaquemontii,* der Himalaya-Birke, von mir geschätzt. Bei ihr bleibt die Rinde ein Leben lang strahlend weiß. Die in Streifen dünn, papierartig abrollende Rinde verleiht dem Stamm die in Botanikerkreisen so begehrenswerte mehrschichtige Optik und wird damit zum Winter-Highlight in Gärten und Parks.

Um die Vielfalt der verschiedenen Birkenarten mit ihren unterschiedlichen Rindenfarben zu studieren und zu bestaunen, empfehle ich jedoch eine Feldstudie außerhalb von Wien: im Linzer Botanischen Garten. Traurig, dass in den Wiener Straßen die letzten Birken nur noch als Straßenschilder überleben. Was mich beruhigt, ist, dass die Schilder wie die Bäume kompostiert oder thermisch verwertet werden können. Und Birkenholz brennt ja bekanntlich besonders lebhaft, mit moderatem Funkenflug und nahezu rauchfrei. Ideal also für die Wintermonate vor dem Kamin. Das ist hier aber keine Anstiftung zum Schilderdiebstahl.

HAINBUCHE

(Carpinus betulus)

Sag niemals Buche zu ihr!

ADRESSE
Lerchenfelder Straße, 1080 Wien; Schlossgarten Schönbrunn

The Lost Trades: Under the Hornbeam

Die deutsche Namensgebung bei Bäumen kann verwirren. So wie Blaseneschen keine Eschen sind, sind **Hainbuchen** *(Carpinus betulus)* auch keine Buchen *(Fagus sylvatica)*. Die Hainbuchen gehören tatsächlich zu den Birkengewächsen, haben aber Ähnlichkeiten mit dem Blatt der Gewöhnlichen Hopfenbuche *(Ostrya carpinifolia)*. Die Blätter von Hainbuchen – auch als Weißbuche, Hagebuche, Hornbaum, englisch Hornbeam benannt – sind eiförmig bis länglich, mit auffällig gefalteten Aderpaaren und doppelt gesägten Blatträndern. Das ähnliche Laub der Hopfenbuchen, die auch zu den Birkengewächsen gehören, fühlt sich deutlich weicher an. Die Ähnlichkeit zu den Rot-Buchen ist allenfalls über die glatte *Borke* gegeben.

Die Blätter der Hainbuchen bleiben oftmals im braunen Zustand bis zum Frühjahr am Baum. Das lässt sich im Spätherbst sehr gut an den zahlreichen Straßen- und Parkbäumen und Hecken beobachten. Wird doch Carpinus in der Baumschule nicht nur als Baum, sondern auch als Heckenpflanze erzogen, die zwar nicht immergrün, aber doch über den späten Blattfall auch im Winter einen gewissen Sichtschutz bietet. Schon in den Barockgärten waren bei hohen Hecken die Hainbuchen bei der Pflanzenverwendung en vogue. Der Totalaustausch der in die Jahre gekommenen Hainbuchen-Heckenwände in Schönbrunn zwischen Schloss und Neptunbrunnen sorgte 2004 für

Büscheln von Flügelnüssen der Hair buche

helle Aufregung bei kritischen Experten. Sie forderten stattdessen eine schrittweise Heckenerneuerung.

Die Bundesgärten begründeten die Neupflanzungen so: Die zunehmend vergreisenden Hecken waren so breit geworden, dass die Statuen darin Verstecken spielten. Durch das schnelle Anwachsen der 368 neu gepflanzten Hainbuchen legte sich die Aufregung aber rasch, orientierte sich die Pflanzung doch an der Position der Hecke des Jahres 1780 – womit erstmals seit dem 18. Jahrhundert die 32 eingewachsenen Statuen des großen Parterres aus ihren Verstecken auftauchten.

Mittlerweile bereiten uns dagegen die Hainbuchen in der Hitze der Stadt Probleme. So zeigten zum Beispiel die Säulenhainbuchen *(Carpinus betulus ‚Fastigiata')* in der Lerchenfelder Straße ihr herbstliches braunes Blattkleid schon Ende August. Hainbuchen kommen zwar bei ausreichender Wasserversorgung mit Hitze gut zurecht, aber wenn die Böden verdichten und die Salzbelastung ein Übriges tut, ist es mit der Robustheit der Gehölze vorbei. Dazu kommt dann auch noch ein Erreger namens *Anthostoma decipiens* ins Spiel, der zwar als Totholzzersetzer ein angesehener Pilz ist, mittlerweile aber auch lebende Hainbuchen befällt und langfristig schädigt.

Erkennbar ist die sogenannte *Rindennekrose* an den orangen bis tiefroten Sporenmassen. Also: Augen auf bei den Hainbuchen, vielleicht entdecken Sie ja die für unser Auge schön gefärbten Sporen am Stamm. Bleibt zu hoffen, dass die dadurch verursachte Schwächung der Pflanzen nicht zum vollständigen Absterben der Hainbuchen führt und wir eine weitere wichtige

Baumart im Stadtbild verlieren. Mit der Urkunde als Bodenverdichtungs- und Vernichtungsweltmeister werden wir jedoch die Lebensbedingungen der Pflanzen in der Stadt nicht zum Besseren wenden.

KUCHENBAUM

(Cercidiphyllum japonicum)

Backe, backe Kuchenbaum

ADRESSE
Türkenschanzpark, 1180 Wien; Währinger Park, 1180 Wien

Attwenger: Japaner

Es ist ein besonderer Duft, der in der Zeit vor Weihnachten in der Luft hängt: Die Aromen von Zimtsternen, Lebkuchen und Mandarinen gehören dazu. Aber es gibt auch in den Wiener Parks Alternativen zur Backstube in den eigenen vier Wänden. Der **Kuchenbaum** *(Cercidiphyllum japonicum)* geht gerade von seiner intensiven gelborangen bis kaminroten Herbstfärbung in den welken und bald entlaubten Zustand über. Was bei anderen Bäumen traurig stimmt, ist beim Kuchenbaum ein belebendes, olfaktorisches Erlebnis. Denn die runden bis herzförmigen, braunen, abgefallenen Blätter duften je nach Standort und pH-Wert des Bodens unterschiedlich zart nach frischgebackenen Lebkuchen, Zimt und Karamell. Daher auch der deutsche Name.

Zu finden sind Kuchenbäume als prächtige, oft mehrstämmige Solitärbäume in den größeren Landschaftsparks Wiens. Der Baum braucht schließlich Platz und liebt kühle, luft- und bodenfeuchte Standorte. Immerhin stammt er ursprünglich aus Berg-

Malerische Silhouette des Kuchenbaumes

wäldern und von den Flussufern Japans. Am Anfang schmal wachsend, entwickelt sich nach Jahrzehnten eine mächtige runde und später sehr breite Baumkrone mit weit ausladenden Ästen.

Als Straßenbaum ist *Cercidiphyllum* ungeeignet, da seine Hauptwurzeln oberflächennah dahinstreichen und auf dieser Höhe die meisten Feinwurzeln ausbilden. Der Baum reagiert somit bei Bodenverdichtung und Versiegelung äußerst empfindlich. Auch lange Trockenphasen und Hitzeperioden steckt der Kuchenbaum nicht gut weg. Er zeigt das über frühen Blattverlust und das feine Geruchserlebnis im Herbst fällt aus.

Die schönsten Kuchenbäume stehen wie so viele exotische Baum- und Strauchgewächse im Türkenschanzpark. Der älteste, um 1910 gepflanzte wächst am südlichen Rand des Vierzigerteichs. Leider musste (wohl aus statischen Gründen) ein weit ausladender Hauptast gekappt werden, worunter sein Charakter sehr gelitten hat. Dafür pflanzten Gärtner vergangenes Jahr im Währinger Park einige junge Kuchenbäume. Hoffentlich überleben sie die prognostizierte und stark zunehmende Sommertrockenheit der kommenden Jahre!

Danken würden es die Dompfaffen, Erlenzeisige, Buchfinken und Meisen, sind doch die kleinen bananenartigen Hülsenfrüchte des Kuchenbaumes ein willkommenes Winterfutter. Verwechslungsmöglichkeit gibt es mit dem Judasbaum. Der Gattungsname *Cercidiphyllum* weist auf die Ähnlichkeiten der Blätter mit jenen des *Cercis*, also des Judasbaumes, hin. Aber bei Laubfall ist es leicht, Kuchenbäume von Judasbäumen zu unterscheiden. Einfach immer der Nase nach!

ROT-BUCHE

(Fagus sylvatica)

Buchen suchen in Wien

ADRESSE
Rothschildgarten, 1190 Wien; Spargelfeldstraße 22, 1220 Wien

Cosmo Sheldrake, Robert Macfarlane: Beech

Suchen Sie Buchen in der Stadt? Na dann, viel Glück! Schon vor der menschengemachten Erderwärmung galt die **Rot-Buche** *(Fagus sylvatica)* nicht als geeigneter Straßenbaum, erfreute sich jedoch großer Beliebtheit als Baum für Landschaftsparks. Sie gehört aber als Waldbaum zu Wien wie der Stephansdom und prägt heute noch den westlichen Stadtrand als Hauptbaumart im Wienerwald.

Schon mit dem Beginn des Subatlantikums vor 2.500 Jahren setzten sich in den meisten Teilen Mitteleuropas zunehmend Buchenwälder durch. Die Buche wurde zur dominierenden Baumart. Sie liebt Standorte mit niedrigen Temperaturen und hohen Niederschlägen, wie sie seit dem Beginn der *Nachwärmezeit* in ganz Mitteleuropa vorherrschten. Doch schon vor der spürbaren Klimaerwärmung war es dem Waldbewohner Rot-Buche in der Stadt zu warm und zu trocken. Bodenverdichtung, Auftausalze, Staubbelastung und sinkende Grundwasserspiegel beeinträchtigen die Vitalität der Bäume massiv. Dieser Mix an Faktoren bringt ihr Überleben in der versiegelten Stadt stark in Gefahr. Aber ihr Verschwinden fällt den meisten Stadtbewohnern kaum auf.

Die Buche ist einfach kein Baum, der sich in den Vordergrund drängt. Sie macht nicht viel Wind um sich, blüht nicht aufsehenerregend wie der Blauglockenbaum und wirft keine exotischen Früchte ab wie

Blätter und Früchte (Bucheckern) der Rot-Buche

die Milchorange. Trotzdem strahlen alte Buchen einen Hauch von Ruhe und Gelassenheit aus. Nicht umsonst gilt die Buche in vielen Kulturen als Baum der Weisheit. Ihre glatte, silbergraue Rinde wirkt sehr anziehend und will berührt werden. Der Stamm mit dem darunterliegenden *Herzwurzelsystem* war lange Zeit ein bevorzugter Ort für Liebespaare, um ihre Zuneigung öffentlich zu verewigen – eine romantische Geste aus der Zeit vor Social Media.

Ein paar einsame Buchen, viele darunter als Naturdenkmäler ausgezeichnet, finden wir zum Glück noch in der Stadt. Im Rothschildgarten im 19. Bezirk stehen zwei über 20 Meter hohe Exemplare mit Stammdurchmessern von bis zu 368 Zentimetern. Bitte den Fundhinweis nicht als Anreiz zum Ritzen verstehen, sondern den Schatten suchen, in die Krone blicken und staunen! Viele Stadtbuchen wurden nicht als reine Art verpflanzt, sondern in den für Landschaftsgärten besonders beliebten Sorten mit farnartigen, tief geschlitzten, kleinlaubigen und rotlaubigen Blattformen sowie Säulen- und Hängeformen.

Meine Lieblingssorte ist die buntblättrige Buche *Roseomarginata,* eine Variante mit braunroten Blättern und unterschiedlich breiten rosa Rändern – ein Blatt, das selbst Atheisten und Agnostiker in Ehrfurcht niederknien lässt. Ein älteres Exemplar dieser besonderen Sorte, gepflanzt 1935, befindet sich laut Baumkataster auf den Betriebsflächen der MA 42 in der Spargelfeldstraße. Buchen lassen sich aber auch im blattlosen Zustand leicht an den ein bis zwei Zentimeter langen, spitzen und braunen bis rötlich-braunen Knospen, die markant von den Zweigen abstehen, erkennen. Buchenknospen gehören zu den essbaren Schätzen des Waldes und sollen antibakteriell wirken. So können Sie im Frühjahr bei einem Wienerwaldspaziergang wildes Superfood ernten – mit der Wildernte-Faustregel: nicht mehr als drei Knospen pro Ast, denn wir wollen ja auch grünes Laub!

Im Herbst kann man die Früchte der Buche (wienerisch Bucheckerl genannt), die in Bucheckerljahren reichlich unter den Bäumen zu finden sind, ernten. Diese treten in der Regel zyklisch, in fünf bis acht Jahren auf. Doch Vorsicht! Roh sind die pyramidenförmigen Nüsschen leicht giftig, geröstet schmecken sie hervorragend, etwa auf Salaten. Es kann sogar Öl daraus gepresst werden.

Also, auf geht's zum Buchen suchen. Solange es noch welche in der Stadt gibt.

GEBIRGSMAMMUTBAUM

(Sequoiadendron giganteum)

Giganten der Stadt

ADRESSE
Türkenschanzpark, 1180 Wien

Van Morrison: Redwood Tree

Wie stehen Sie eigentlich zu Riesen? Mammutbäume gehören eindeutig dazu. Sie sind die Giganten unter den Bäumen. An Naturstandorten in Nordamerika können sie bis zu hundert Meter hoch in den Himmel ragen. Aber wer kommt auf die Idee, sie mitten in Wien zu pflanzen? Wir haben ja schon Probleme bei Platanen, die in Wien gerade mal 26 Meter erreichen. Und doch finden wir mittlerweile alle drei Arten von Mammutbäumen, die zu den Sumpfzypressengewächsen gehören, in der Stadt.

Da wäre zunächst der an den Westhängen der Sierra Nevada in Kalifornien beheimatete **Gebirgsmammutbaum** *(Sequoiadendron giganteum)*. Der General Sherman Tree gilt als das größte Lebewesen und wird weltweit verehrt. Importierte Samen des Baumes kamen erstmals 1853 in Europa an und wurden auch in Wien vorgezogen und ausgepflanzt. Neben den mittlerweile großen Exemplaren im Botanischen Garten am Rennweg und im Englischen Garten in Schönbrunn haben es einige auch in andere Parks der Stadt geschafft. Klar, dass im artenreichen Türkenschanzpark auch einige wachsen. Aber meine Lieblingsgruppe an Mammutbäumen steht im Schlosspark der Modeschule in Hetzendorf.

Die dicksten in Wien wachsen hingegen im Pötzleinsdorfer Schlosspark mit über fünf Metern Stammumfang (natürlich nichts gegen General Sherman mit etwa 31 Metern). Leicht zu erkennen sind die *immergrünen* Bäume am zur Basis hin stark verbreiterten, rötlich schimmernden Stamm. Treten Sie näher und berühren Sie die schwammig-weiche *Borke,* die feuerfest ist! Eine Anpassung an die wiederkehrenden Brände an der amerikanischen Westküste. Unter der Einwirkung von Hitze öffnen sich die jungen Sämlinge und keimen besonders gut in den mit Asche bedeckten Böden. Die Gefahr, dass die Bäume in Wien, Stadt einer tatkräftigen Berufsfeuerwehr, invasiv werden, ist also gering.

Der Urweltmammutbaum *(Metasequoia glyptostroboides)* ist der zweite Riese in Wien. Er wurde als lebendes Fossil 1941 in unzugänglichen Regionen Sichuans entdeckt und erst nach 1950 in Wien gepflanzt. Die Verwechslungsgefahr ist eher mit der Sumpfzypresse *(Taxodium distichum)* gegeben, da die Redwoods wie diese nicht *immergrün* sind. Der aus China stammende Baum hat gegenständige Nadeln und eine wunderschöne kupferne bis rötliche Herbstfärbung. Den

Imposanter Habitus des Gebirgsmammutbaumes

Namen Redwood verdankt der Baum seiner Rinde, die sich in Streifen ablöst und eine darunterliegende, rotbraune innere Rinde freigibt. Die typischen *Stammkehlungen,* Verdickungen und Ausbuchtungen im unteren Stammbereich verschaffen den Bäumen eine hohe Windstabilität – gefragt in Zeiten des Klimawandels.

Der dritte Gigant, der Küstenmammutbaum *Sequoia sempervirens,* ist auch der höchste seiner Familie – wohl aber der am wenigsten winterharte unter den Mammuts. „Dank" Klimaerwärmung wachsen die in Wien ausgepflanzten Exemplare mittlerweile auch gut an. Noch gibt es jedoch kaum Exemplare in Wien. Der im Versuchsgarten der HBLFA für Gartenbau in der Jägerhausgasse und ein Exemplar im Botanischen Garten in Linz, die ich schon länger beobachte, entwickeln sich dafür prächtig.

Für vergleichende Beobachtungen wachsen alle drei Mammutbaumarten, *Sequoia, Sequoiadendron* und *Metasequoia,* im Türkenschanzpark und im angrenzenden Innenhof der Universität für Bodenkultur. Also lasst uns groß denken! Pflanzen wir mehr Giganten in der Stadt, dann können wir gleich den Ewoks in Baumdörfern am Waldmond Endor leben. Gedreht wurde diese Episode von „Star Wars" ohnehin nicht auf dem Mond, sondern ganz erdverbunden im Redwood-Nationalpark in Kalifornien.

EDEL-KASTANIE

(Castanea sativa)

Wiener Maroni vom Rosenhügel

Ich sehe immer weniger Maronibrater auf Wiens Straßen und Plätzen. Also jene saisonalen mobilen Bratstände, die die Früchte der Edel-Kastanien rösten. Statistisch kann ich zwar nicht belegen, dass die Stände weniger werden (2020 sollen es etwa 250 gewesen sein). Aber gefühlt verkaufen auch die übrig gebliebenen immer mehr seltsame Kartoffelprodukte à la Wedges und nicht die gesunden, wohlschmeckenden Früchte der **Edel-Kastanie** *(Castanea sativa)*.

Esskastanien sind reich an Kohlenhydraten und Ballaststoffen, weisen aber im Vergleich zu vielen anderen Nüssen nur wenig Fett auf, sind glutenfrei und enthalten die hochgelobten Antioxidantien. Es braucht wirklich nicht viel, um das einst populäre Kleingewerbe des Maronibraters zu gründen: Maronibrater gehören in Wien wie der Kasperl zum Prater. Einen transportablen eisernen Ofen, ein kleines Feuer, ein paar Maroni in die Pfanne, drumherum ein kleiner Holzverschlag, in Wien natürlich eine Aufstellgenehmigung und schon offenbart sich der Genuss von frisch gebratenen Kastanien.

Woher die Maroni stammen, die am Stand geröstet werden? Die meisten sicherlich nicht aus Österreich. Die wichtigsten Herkunftsländer in Europa für Edel-Kastanien sind Italien, Türkei, Frankreich, Spanien und Portugal. In Österreich selbst gibt es ebenfalls kleinere Edel-Kastanienbestände, insbesondere

ADRESSE
Defreggerstraße 87, 1120 Wien; Planquadratpark: Innenhof um Mühlgasse, Schikanedergasse, Margaretenstraße, Preßgasse, 1040 Wien

Mil Dawn: Chestnut Roasting on an Open Fire

Die stacheligen Fruchtbecher
umhüllen die essbaren Nüsse (Maroni)
der Edel-Kastanie

in den wärmeren Regionen der Steiermark und dem Burgenland. Die geerntete Menge reicht jedoch meist nicht aus, um die Nachfrage zu decken. Und in Wien? Hier würden die wärmeliebenden Bäume mit ihren ausladenden Kronen vom Klima her zwar gut gedeihen. Doch der Boden oder vielmehr das Ausgangsgestein macht ihnen einen Strich durch die Rechnung. Sie bevorzugen kalkarme, saure bis leicht saure Böden und da haben wir in Wien wenige Standorte anzubieten. Hier dominiert meist kalkreicher Boden, der für Edel-Kastanien weniger geeignet ist.

Kalk hemmt die Nährstoffaufnahme der Bäume und beeinträchtigt ihr Wachstum. Sie entwickeln auf solchen Böden *Chlorosen*, leicht erkennbar an einer Gelbfärbung der Blätter. Chlorotische Bäume sind geschwächt und anfälliger für Sekundärinfektionen durch Pilze, Schädlinge oder Bakterien. Edel-Kastanien sind anfällig für den durch *Cryphonectria parasitica* verursachten Kastanienrindenkrebs und den Befall durch die Gallwespe *(Dryocosmus kuriphilus)*. Auch die Bestände in Europa wurden bereits stark dezimiert.

Das heißt aber nicht, dass wir nicht doch ein paar Bäume im Stadtgebiet finden. Ein älteres Exemplar versteckt sich in der Sackgasse der Defreggerstraße 77–111 im 12. Bezirk. Der 1955 gepflanzte Baum hat mittlerweile einen Stammumfang von 223 Zentimetern. Kleinere Exemplare finden wir in diversen innerstädtischen Parks, wie zum Beispiel im Hof des Planquadratparks im 4. Bezirk. Hier lassen sich auch die besonderen Eigenschaften der Edel-Kastanien erkunden. Die länglichen bis zwanzig Zentimeter großen Blätter haben am Rand spitze Zähne und verfärben sich im Herbst gelb bis gelbbraun.

Die Blätter eignen sich hervorragend als Futterlaub. Also wenn Sie zufälligerweise die Wohnung mit einer Zwergziege oder einem Kaninchen teilen, einsammeln, bevor die Laubbläser-Armada vorbeikommt. Blühende Bäume riechen nach Trimethylamin, eine unangenehme olfaktorische Eigenschaft, die als Fischgeruch wahrgenommen wird. Die männlichen Blüten produzieren reichlich Nektar und werden gerne von Bienen, Hummeln, Fliegen und Käfern besucht.

Und die Früchte? Die verstecken sich wie Edelsteine in einem zehn Zentimeter großen, stacheligen Fruchtbecher und reifen darin im Oktober aus. Die Wiener Maroni sind aber selten veredelte Fruchtsorten, dementsprechend klein ist der Fruchtgenuss und bescheiden die Ernte. Also doch besser auf zum nächsten Maronibrater, die Kartoffelangebote links liegen lassen, und die heißen, veredelten Fruchtkastanien behutsam schälen und genießen. Dazu „Chestnut Roasting on an Open Fire“ hören und der Winter fühlt sich richtig gut an.

GEWÖHNLICHE ESCHE

(Fraxinus excelsior)

Ein simpler Baum mit Starallüren

Eschen sind jetzt nicht die großen Superstars unter den heimischen Bäumen, vor allem dann nicht, wenn sie auch noch **Gewöhnliche Esche** *(Fraxinus excelsior)* heißen. Sie zeichnen sich nicht durch spektakuläre Eigenschaften aus und haben in den letzten Jahren bloß mit Krankheiten Schlagzeilen gemacht. Das Eschentriebsterben, ausgelöst durch das Falsche Weiße Stängelbecherchen *(Hymenoscyphus fraxineus)*, einem zuerst einmal ganz hübschen Schlauchpilz mit seiner Nebenfruchtform *(Chalara fraxinea)*, löst das Absterben in den Geweben der Blätter, Triebe und verholzten Teilen der Gemeinen Eschen aus und bringt besonders gesunde, vitale Individuen zu Fall.

Erneut scheint der Klimawandel mit den steigenden Durchschnittstemperaturen dazu beizutragen, dass sich diese Krankheit schneller ausbreitet und sich zudem besser etablieren kann. Die befallenen Bäume sterben von oben her ab, zu erkennen an schütteren Kronen sowie vertrockneten Blättern und Zweigen.

Eine noch größere Gefahr für uns Menschen, die sich in der Nähe von Eschen aufhalten, geht von einer nachfolgenden Besiedelung durch Hallimasch-Arten und andere Holzfäuleerreger aus. Durch den Befall der Wurzeln und des Wurzelstocks wird die Standfestigkeit der Bäume stark herabgesetzt, es besteht eine akute Bruchgefahr. Befallene Bäume können sogar ohne Vorwarnung umfallen, das heißt, ohne dass der

ADRESSE
Rosasgasse 31, 1120 Wien; Auer-Welsbach-Park, 1150 Wien

Kobzari: Moyi laseni (My Ash Trees)

Wind reinbläst. Nicht gerade vertrauenserweckend für Bäume, vor allem für jene, die in der Stadt stehen! Und schon gar nicht einfach für Baumkontrolleure und Baumsachverständige, die Standsicherheit garantieren sollen. Da heult schon schnell einmal die Motorsäge auf, auch bei nicht befallenen Bäumen.

Ganz gesund sind Stadtbäume ja selten, da gibt es schnell einmal den einen oder anderen Grund zur Fällung. Die Bodentrockenheit und Versiegelung der Stadtböden könnten hier sogar ein Vorteil sein. Wir beobachten, dass sich das Eschentriebsterben in den urbanen Hitzeinseln nicht so effizient ausbreitet wie an natürlichen Standorten. Auch stehen Eschen in der Stadt selten in engerer Gemeinschaft mit ihren Artgenossen, sondern sind meist Einzelgänger. Und da ist die Gefahr einer nachbarschaftlichen Ansteckung, die bei vielen Pilzkrankheiten auftritt, nicht so hoch.

So ein „Lonely Wolf" steht etwas versteckt im 12. Bezirk an der Ecke Zenogasse, Rosagasse neben der Grünbergstraße. Die über hundertjährige Esche bringt einen Stammumfang von beachtlichen 331 Zentimetern auf das Maßband. Noch ältere Eschen stehen nicht weit entfernt über dem Wienfluss im Auer-Welsbach-Park. Und hier können wir auch die Schwester, die Schmalblättrige Esche *(Fraxinus angustifolia)* antreffen. Der etwas zierlichere Baum mit – wie der Name schon verrät – schmäleren, auch unpaarig gefiederten Blättern, hat im Herbst dann doch Starallüren. Er färbt sich zu dieser Jahreszeit prahlerisch bordeauxrot. Die ausgeprägt große Endknospe und ihre besondere tief-

Büschelig wachsende, länglich geflügelte Nussfrüchte der Gewöhnlichen Esche

schwarze Färbung im Kontrast mit den helleren Zweigen machen es auch Gehölz-Laien einfach, Eschen im blattlosen Zustand zu bestimmen.

Aber manchmal ist es zu spät für eine Baumbestimmung. Einige Baumriesen im Auer-Welsbach-Park wurden letztes Jahr in einer frühmorgendlichen Aktion gerodet. Obwohl am Tag zuvor eine vorbeikommende Passantin die Tagesaktion gestoppt hat, indem sie einfach einen Baum umarmte und nicht mehr losließ. Bezirksvorsteher und Stadtgartenamt argumentierten mit Stamm- und Pilzschäden. Denn, O-Ton Bezirksvorstehung: „Bäume könnten Menschenleben gefährden." Die daneben auf vier Spuren vorbeirauschenden Autos übrigens auch!

GEWEIHBAUM

(Gymnocladus dioicus)

ADRESSE
Bahnhof Wien Ottakring, 1160 Wien

Blur: Coffee & TV

Ottakringer Kaffeebäume aus Kentucky

Wir wissen nicht, wie der Hirte im Jahr 850 reagierte, als er sah, wie eine Ziege schlaflos umherrannte. Und das, nachdem sie Blätter und Samen eines *immergrünen* Strauches im Königreich Kaffa im heutigen Äthiopien gefressen hatte. Mönche – so die Legende – bedienten sich der Pflanze, um ihre Nachtwache zu verlängern. Schon immer suchen Menschen nach Pflanzen, die ihre Aufmerksamkeit oder Lust steigern und ihre Tage verlängern können. Und rösten dafür nicht nur die Samen des Kaffeestrauches, sondern auch jene eines Baumes, der mitten in Wien steht.

Unter der Woche herrscht hier, am Platz vor der Endstation der U3 in Ottakring, reges Treiben: Obst- und Gemüsehändler, die ihre Ware anpreisen, am Wochenende auch mal am Flohmarkt. Und zwischen ihnen, in hohen Baumscheiben, acht unauffällige Bäume: Laut Wiener Baumkataster haben die

Doppelt gefiedertes Blatt und derb-ledrige
Fruchthülsen des Geweihbaums

Stadtgärtner die **Geweihbäume** *(Gymnocladus dioicus)* schon 1987 gepflanzt.

Der deutsche Name verrät eine Eigenschaft, die ab Herbst, nach dem Blattfall, erkennbar ist: Wer von unten Richtung Kronenbereich der Bäume schaut, erkennt eine besondere Zweigstruktur: Lange, anhaftende *Blattachseln* und Hauptäste, die an ein Geweih erinnern. Im Sommer wachsen die doppelt gefiederten Blätter beeindruckend groß und im Herbst färben sie sich wunderschön gelb. Wer die *Blütenstände* im Juni erkennen will, muss hingegen genau hinsehen. Sobald man aber um ihre Eigenschaft weiß, steigt die Motivation.

Wobei wir wieder beim Kaffee wären.

Auf Englisch heißt der Geweihbaum nämlich Kentucky Coffee Tree. Der Name verrät nicht nur die Herkunft, sondern auch die Möglichkeit, die Samen der Fruchtstände zu rösten und damit ein kaffeeähnliches Getränk zu brauen. Das sollen bereits einige Native Americans und frühe Siedler in den heutigen USA gemacht haben. Vermutlich erinnert aber eher die Farbe des Getränks und nicht sein Geschmack an Kaffee.

Es fruchten übrigens nur die weiblichen Bäume, hier am Platz in Ottakring also zwei von acht. Die bis zu 25 Zentimeter langen Hülsenfrüchte werden beim Reifungsprozess braun und bleiben meist über den Winter am Baum hängen. Irgendwann fallen die Schoten dann ab, können gesammelt, geröstet und verarbeitet werden.

Geweihbäume sind aber noch auf andere Weise nützlich: Sie trotzen der Hitze und längeren Trockenphasen gut, besser als viele sogenannte „heimische“ Baumarten. Eine Eigenschaft, die in Zukunft immer entscheidender für das Überleben von Bäumen im Stadtraum wird. Die Gymnocladen in Ottakring sind trotz ihres eingeschränkten Wurzelraumes vital und gesund.

Wer auf den Geschmack gekommen ist, spaziert noch weiter von der U3 in die Paltaufgasse oder in die Rankgasse und staunt über die Allee von Geweihbäumen, die dort wohltuenden Schatten spendet!

CHINESISCHER SURENBAUM

(Toona sinensis)

Umamiblätter zum Selberpflücken

Dass Gemüseanbau in Wien erstaunlich vielfältig ist und eine wichtige Rolle in der regionalen Versorgung spielt, ist allgemein bekannt. Fast das gesamte, im Stadtgebiet angebaute Gemüse wird in der unmittelbaren Umgebung vermarktet und konsumiert. Dass Gemüse in Wien auch auf Bäumen wächst, blieb bis jetzt dagegen weitgehend unbemerkt. Der **Chinesische Surenbaum** *(Toona sinensis)*, umgangssprachlich duftender Frühlingsbaum beziehungsweise Gemüsebaum genannt, bietet solche Spezialitäten in *Austrieb* und Blatt – und das ist bei im gemäßigten Klima vorkommenden Bäumen eher selten der Fall.

ADRESSE
Kurpark Oberlaa, 1100 Wien; Türkenschanzpark, 1180 Wien

The Beach Boys: Vegetables

In vielen asiatischen Sprachen bezieht sich der Begriff „Suren“ auf die Schärfe oder die leicht sauren, würzigen Aromen, die der Surenbaum in seinen jungen Trieben und Blättern aufweist. Die vitaminreichen *Austriebe* und das junge Blattwerk können frisch als Salat, gebraten oder gedünstet, oder als Gemüse mit Umami-Geschmack zubereitet werden.

Die Triebspitzen gelten zudem als Heilmittel. Ihnen wird eine schmerzstillende sowie antibakterielle Wirkung nachgesagt. Aber schön langsam. Bevor Sie sich auf diese raschwüchsigen Bäume mit paarig gefiederten Blättern stürzen, sollten Sie sich erst mal mit den Merkmalen vertraut machen und besonders die Unterschiede zu dem im Aussehen ähnlichen Götterbaum studieren. Besonders Habitus und Blatt sind dem ebenfalls raschwüchsigen *Neophyten* nämlich zum Verwechseln ähnlich. Beim Gemüsebaum sind die Blätter an einer Mittelrippe paarig angeordnet und besitzen kein Endblättchen. Im *Austrieb* erscheinen sie auffällig rötlich und gehen später in ein glänzendes Grün über. Besonders die jungen Blätter versprühen einen leicht würzig angenehmen Duft.

Der Götterbaum hingegen ist bekannt für seinen unangenehmen Geruch, ein wahrer Stinker über seine Drüsen, die beim Zerreiben einen ranzigen Geruch verströmen, also kein Gemüse, das in der Pfanne schmoren sollte. Außerdem sind sie nicht paarig, sondern unpaarig gefiedert, das heißt, sie besitzen an der Spitze des gefiederten Blattes ein Endblättchen. Auch die unscheinbaren weißen bis grünlich-weißen Blüten duften beim Gemüsebaum aromatisch, beim bösen Stinker wird der Geruch als unangenehm und beißend empfunden. Es ist ein bisschen wie beim Schwam-

Paarig gefiederte Jungblätter
des Chinesischen Surenbaumes

merlsuchen: Wer die Unterscheidungsmerkmale genau beachtet, kann eigentlich nicht danebengreifen.

Der eigene Anbau von Gemüsebäumen ist nicht unbedingt notwendig – im Kurpark Oberlaa lassen sich die Surenbäume leicht entdecken. Beim Filmteich steht ein 2019 gepflanzter Surenbaum neben einer Silber-Weide und verhält sich hier ähnlich neophytisch wie sein Verwechslungspartner – das soll hier den besitzlosen Gemüsegärtnern nur recht sein für die Ernte. Eine mögliche Ausbreitung in Auengebieten sollte aber genauer beobachtet werden, nicht dass wir noch so eine *invasive* Art einschleppen, die die heimische Vegetation verdrängt.

Ein älteres Exemplar, 1970 gepflanzt, wächst im Türkenschanzpark, etwas versteckt hinter Sträuchern und einem Französischen Ahorn gleich neben der halbrunden Steinbank und dem Theodor-Hermann-von-Leschetizky-Denkmal. Frisch gepflanzt wurde der Surenbaum 2024 am südlichen Ende des Musilplatzes, im 16. Bezirk, neben einer Edel-Kastanie. Verfolgt die Stadt möglicherweise im Stillen das Konzept der essbaren Gemeinde? Oder handelt es sich bei der Pflanzung lediglich um einen symbolischen Ersatz für die vielen Gemüseanbauflächen, die am Stadtrand in Bauland umgewidmet wurden? Für eine echte Selbstversorgung mit Gemüse sind die wenigen Gemüsebäume jedenfalls nicht ausreichend.

SCHMALBLÄTTRIGE ÖLWEIDE

(Elaeagnus angustifolia)

Urbaner Designerbaum mit Erntepotenzial

Dass Oliven mittlerweile auch in Österreich erfolgreich angebaut werden, ist längst kein Geheimnis mehr. Aufgrund des Klimawandels und neuer Züchtungen, die ausreichend winterhart sind, hat der Olivenanbau im pannonischen Raum Einzug gehalten. Olivenbäume wachsen aber schon viel länger in der Stadt. Ich spreche aber hier nicht von dem zu den Ölbaumgewächsen gehörenden Echten Ölbaum *(Olea europaea)*, sondern von den **Schmalblättrigen Ölweiden** *(Elaeagnus angustifolia)*, die entsprechend zu den Ölweidengewächsen gehören und botanisch doch nicht mit den echten Oliven verwandt sind.

ADRESSE
Arenbergpark, 1030 Wien; Scheunenstraße, 1100 Wien

Peter Gabriel: Olive Tree

Die Früchte der Ölweiden erinnern aber äußerlich an kleine Oliven – sie sind länglich, leicht silbrig, mit mehlig-fleischigem Fruchtfleisch und einem harten *Steinkern*. Auch beim Laub gleicht die schmalblättrige Ölweide der Olive und der Silber-Weide. Die deutschen Namen pfeifen mal wieder auf botanische Verwandtschaften. Dass sie auch noch als Russische Oliven bezeichnet werden, verdanken sie hauptsächlich ihrer Herkunft. Sie stammen ursprünglich aus den Steppen- und Wüstenregionen Zentralasiens und Osteuropas, darunter Gebieten, die historisch mit Russland verbunden waren. Hier wurde auch aus den Früchten Öl gewonnen.

Ihre Etablierung als Park- und Straßenbaum in der Stadt verdanken sie ihrer Anspruchslosigkeit sowie der beeindruckenden Widerstandsfähigkeit gegenüber Kälte, nährstoffarmen Böden, Trockenheit und Luftverschmutzung – wahre Überlebenskünstler auch neben gesalzenen Straßen. Hinzu kommt der honigartige Duft ihrer schlanken, röhrigen Glöckchenblüten, die innen gelb und außen silbrig schimmern. Für manche mag der Duft vielleicht etwas zu intensiv sein und an Parfümtester aus der Drogerie erinnern, doch in der oft weniger verzaubernden Stadtluft stellt er eine willkommene Abwechslung dar. Insgesamt geben Ölweiden mit ihrem weichen, unterseits silbrigen, sternhaarigen Laub und der *sparrigen* Krone mit den weit ausladenden und herabhängenden Zweigen, die auch noch bedornt sind, eine auffällige Erscheinung ab. Echt coole Designerpflanzen im urbanen Lifestyle.

Sogar im Untergrund haben sie Besonderheiten zu bieten. Ihre Wurzeln gehen eine Symbiose mit Strahlenpilzen ein und ermöglichen der Pflanze, Stickstoff zu binden – echte Selbstversorger, ähnlich wie Robinien, wenn es um Stickstoffdüngung geht. Auf der Suche nach Ölweiden wird man in der Stadt schnell fündig. Eine ältere Ölweide, gepflanzt 1955, findet sich im Arenbergpark im 3. Bezirk. Hier, im Schatten des Flakturms, neben einer Robinie wachsend, tauscht sie sich vielleicht unterirdisch aus, um den Stickstoff zu teilen. Noch *stammstärkere* stehen in Unterlaa, in der Scheunenstraße, eine sogar mit beachtlichen 270 Zentimetern Stammumfang.

Silbrige, weiche Blätter und schlanke, gelbe Glöckchenblüten der Schmalblättrigen Ölweide

Wer entlang der Anton-Schmid-Promenade am Donaukanal spaziert und die dortige öffentliche Toilette mit einer Google-Bewertung von 4,3 besucht, kann sich nach der Erleichterung gleich an der Ölweide erfreuen. Zwar ist der Standort vielleicht nicht ideal für eine Olivenernte, doch zum Glück gibt es in der Stadt noch viele andere Orte, an denen man die vielseitige Pflanze bewundern und abernten kann. Einfach auf wien.gv.at weiter auf Umweltgut klicken und dort bei der erweiterten Suche unter Baumkataster bei der Art nach *Elaeagnus angustifolia* (Ölweide) suchen – und schon werden alle Standorte aufgelistet.

DOUGLASIE

(Pseudotsuga menziesii)

Ein Wunder-Baum zu Weihnachten

ADRESSE
Hugo-Wolf-Park, 1190 Wien

Radiohead: Fake Plastic Trees

Ich kann mich mit der Frage zum Lieblingsbaum wahrlich nicht anfreunden. Natürlich werde ich immer wieder danach gefragt – und gebe selten die gleiche Antwort. Beim Weihnachtsbaum habe ich jedoch eine klare Präferenz: der duftende Wunderbaum.

Meine Wunderbäume sind nicht die in Nadelbaumsilhouetten erhältlichen Einweg-Riechstoffverbreiter, die in mehr als 60 verschiedenen Duftrichtungen erhältlich sind (besonders beliebt sind die Duftnoten Vanille, Grüner Apfel, aber auch Sportfrische und Neuwagen). Früher fuhren sie in fast jedem Taxi mit, heute sind sie vom Aussterben bedroht – und werden es trotzdem nie auf die Rote Liste schaffen. Nein, für mich ist der Wunderbaum keineswegs das seltsame Markenprodukt aus Kanada, sondern die nach Zitronen duftenden **Douglasien** *(Pseudotsuga menziesii)*, die nach den Mammutbäumen die größten und gewaltigsten Bäume Nordamerikas sind.

Als Douglasfichten oder Douglastannen bezeichnet, haben diese Bäume botanisch weder etwas mit

Nadeln und Zapfen mit Deckschuppen (Mäuseschwänzchen) der Douglasie

Fichten noch etwas mit Tannen zu tun. Sie gehören zu den Kieferngewächsen. Da passt dann schon eher die englische Bezeichnung „Oregon-Pine“, die Bezug auf Familie und Herkunft gibt. Die Namensgleichheit mit der Parfümeriekette ist nur auf die gemeinsamen schottischen Abstammungen des Gründers der Parfümerie John Sharp Douglas und des Botanikers David

Douglas zurückzuführen, der die Baumart 1792 entdeckte. Nach Europa wurde die Pflanze erst 1872 eingeführt.

Heute wird der Baum in Österreich als raschwüchsiger Nadelbaum auf der Zukunftsbaumliste für Forstbäume geführt. Noch gibt es mit ihr im Forst (als Fichtenersatz) aber zu wenig Erfahrung. Als nicht heimische Baumart muss ihr Wuchsverhalten, die Windbrüchigkeit und die Trockenheitsverträglichkeit in den heimischen Wäldern erst über einen längeren Zeitraum geprüft werden. In der Stadt finden wir aber einige ältere Exemplare in großen Gärten und Parks. Und da beweisen sie sich, was die geänderten Klimabedingungen betrifft, als äußerst robust.

Im Kindertagesheim der Heinrich-Collin-Straße und im Hugo-Wolf-Park in Döbling zum Beispiel wachsen einige große Exemplare, umzingelt von Schwarzföhren. Zu erkennen sind sie an der anfangs glatten, mit *Harzbeulen* bestückten Rinde, die im Alter dicke, tief längsrissige, schwarzgraue, korkartige *Borke* entwickelt; und noch leichter, wenn zufälligerweise einige fünf bis zehn Zentimeter lange, hellbraune bis rötlich-braune Zapfen zu Boden fallen. Diese haben ein eindeutiges Erkennungsmerkmal, das bei anderen Nadelbaumarten fehlt: zackig hervorspringende, dreizipfelige *Deckschuppen,* die auch als Mäuseschwänzchen beschrieben werden und genauso aussehen. Die zwei bis vier Zentimeter langen, immergrünen, weichen Nadeln duften harzig, fruchtig nach Zitrone – ein Grund, warum er mein Weihnachtsbaum erster Wahl ist. Aber dieses olfaktorische Vergnügen lassen meistens nur junge Exemplare zu, dort, wo sich noch Nadeln in erreichbarer Höhe befinden.

Den Einsatz als Christbaum, falls Sie diese Tradition pflegen, kann ich aus diesem duftenden Grund nur empfehlen. Allerdings ist es nicht einfach, frisch geschnittene, echte Bio-Douglasien aus heimischer Produktion zu bekommen. Sogar mein Lieblingschristbaumverkäufer am Yppenplatz hat leider seit Jahren keine mehr. Vor einem Christbaumersatz aus Plastik mit Einweg-Wunderbäumen als Duftnote kann ich nur warnen: Eine zu hohe Dosierung der Lufterfrischer kann allergische Reaktionen und Kopfschmerzen verursachen. Und wer möchte die Feiertage schon krank unter dem festlich geschmückten Weihnachtsbaum verbringen?

ZEDER

(Cedrus libani)

Die kaiserliche Zeder mit der immergrünen Nadelrobe

Wahrscheinlich denkt kaum jemand bei einer Führung durch das kaiserliche Wien an Zedern. Doch die majestätischen Kieferngewächse mit ihren immergrünen Nadeln und ausladenden Kronen passen hervorragend zur Pracht des alten Habsburgerreichs. Ursprünglich heimisch im nordafrikanischen Atlasgebirge, in den Bergen Zyperns, dem Nahen Osten und

ADRESSE
Burggarten, 1010 Wien; Türkenschanzpark, 1180 Wien; Kongresspark, 1160 Wien; Schmalzhoftempelpark, 1060 Wien; Armbrustergasse 15, 1190 Wien

Rush: The Trees

bis in den westlichen Himalaya, hat es vor allem zwei Zedernarten nach Wien verschlagen: die Atlas-Zeder *(Cedrus atlantica)* und die **Libanon-Zeder** *(Cedrus libani)*. Es ist der Sammelleidenschaft der Habsburger zu verdanken, dass im Burggarten eine prächtige Libanon-Zeder wächst.

Unter der gärtnerischen Mitwirkung von Kaiser Franz, später liebevoll als „Blumenkaiser“ bekannt, wurde der Privatgarten für das Kaiserhaus als Rückzugsort angelegt. Später, im Stil eines englischen Landschaftsgartens umgestaltet, bot er Platz für viele botanische Besonderheiten, darunter Blasenesche, Ginkgo, Kuchenbaum, Schnurbaum und eben die Libanon-Zeder. Die *immergrüne Cedrus libani* mit ihren dunkelgrünen Nadeln hat anfangs eine eher kegelförmige Wuchsform. Erst im Alter folgt die markante, weitausladende, schirmartige Krone. Zu Recht forderten Jugendliche in den 1970er-Jahren die „Freiheit für den Burggarten“, um gegen das Betretungsverbot der Grünflächen zu kämpfen, und besetzten dafür jeden Samstag die Rasenflächen.

In den öffentlichen Wiener Parks wurde jedoch wesentlich häufiger die Atlas-Zeder, und hier die Blaue Sorte *(Cedrus atlantica ‚Glauca‘)*, gepflanzt, deren Nadelrobe noch prächtiger graublau gefärbt ist. Die leicht stechenden immergrünen beziehungsweise in diesem Fall eher immer-blauen Nadeln wachsen, wie bei der Lärche, in dichten, rosettenähnlichen Büscheln aus sogenannten *Kurztrieben*. Während sich aber die Lärche im Herbst in leuchtendem Orange präsentiert und ihre Nadeln im Winter vollständig abwirft, bleibt die

Schirmartige Krone der Libanon-Zeder

Aufrechte Zapfen und in rosettenähnlichen Büscheln stehende Nadeln der Atlas-Zeder

Blaue-Atlas-Zeder cool. Ihre Nadeln fallen nicht einfach runter, sie verabschieden sich in gemächlichem Tempo, eine nach der anderen über das Jahr verteilt. Und ihre Zapfen? Sie stehen wie kleine, zylindrisch eiförmige Türme aufrecht auf den Ästen und zerfallen wie bei der Tanne direkt am Ast, statt im Ganzen auf den Boden zu plumpsen.

Eine beliebte Sorte für Gärten und Parks ist die Hänge-Blau-Zeder *(Cedrus atlantica ‚Glauca Pendula‘)*, eine

Hängeform der Atlas-Zeder mit bogig überhängenden Ästen. Zu bewundern gibt es sie, wie so vieles Gehölz, im Türkenschanzpark, in der Nähe der Paulinenwarte. Im Kongresspark in Ottakring und im Mariahilfer Schmalzhoftempelpark stehen noch ältere Exemplare mit Stammumfängen von bis zu 264 Zentimetern.

Als Angehöriger der Kreisky-Generation habe ich eine besondere Zuneigung zur Libanon-Zeder im Garten des Bruno Kreisky Forums in der Armbrustergasse im 19. Bezirk. Unter diesem beeindruckenden Baum sollen einst Kreisky und der kürzlich verstorbene Hannes Androsch diskutiert haben. Heute ist diese Zeder als Wiener Naturdenkmal Nr. 323 geschützt. Besonders freut mich, dass die Libanon-Zeder mittlerweile auch in Forstkreisen als Hoffnungsträger gilt. Immerhin können diese Bäume in ihren natürlichen Lebensräumen ein beeindruckendes Alter von bis zu 900 Jahren erreichen. Vermutlich war genau das auch ein Grund für die Habsburger, diese Baumart zu pflanzen.

GUMMIULME

(Eucommia ulmoides)

Gib Gummi, Ulme!

Manchmal glaubte ich, eine botanische Sensation entdeckt zu haben. Auf der forensischen Suche nach neuen Baumarten, solchen, die scheinbar noch nicht entdeckt wurden in Wien – ausgestattet mit Fotoapparat, Pflanzenbestimmungsliteratur, künstlicher Intelligenz und entsprechenden Apps, fühle ich mich wie

Sherlock Holmes bei der Lösung eines Kriminalfalles. Doch oft folgt die Erkenntnis: Der Baum, den ich suche, wächst längst hier, hat sogar ein Etikett oder scheint im Baumkataster auf.

ADRESSE Türkenschanzpark, 1180 Wien; Bockkellerstraße, 1190 Wien

Formidable Vegetable: Trees Eat Us All

Und nicht selten finde ich ihn im Türkenschanzpark, gleich neben der Universität für Bodenkultur, dort, wo ich studiert habe und mein Interesse für Pflanzen geweckt wurde. Ein Paradebeispiel für solch eine Überraschung ist die **Gummiulme** *(Eucommia ulmoides)*, auch Guttaperchabaum genannt. Wie oft bin ich an diesem Baum südlich der Paulinenwarte vorbeigegangen, ohne ihn und sein Potenzial zu erkennen?

Zu meiner Verteidigung: Der Baum erscheint zunächst sehr unauffällig, ein mittelgroßer Wuchs mit breit-rundlicher Krone, grauer Rinde, unscheinbaren Blüten, die mit dem Laubaustrieb erscheinen, sowie länglich eiförmige Blätter, die an Kirschen erinnern und auch nicht gleich nach botanischer Sensation schreien. Und doch, genau diese Blätter sind es, die die Besonderheit ausmachen. Beim Auseinanderreißen (natürlich nur zu wissenschaftlichen Zwecken) kann eine Verwechslung mit Kirschblättern verhindert werden. Entlang der Bruchstelle kommt ein weißer, gummiartiger Milchsaft in Form von Fäden zum Vorschein.

Was nach einem amüsanten Zaubertrick klingen mag, ist das Geheimnis des Inhaltsstoffes: Die Ulmen haben Latex, und den nicht als Überzug, sondern im Inneren versteckt. Daraus wird in China sogar Gummi gewonnen. Übrigens: Die Gummiulme ist die einzige

Die länglichen, eiförmigen Blätter der Gummiulme
geben beim Auseinanderreißen gummiartige Substanzen frei

Latex- beziehungsweise Guttapercha-produzierende Pflanze der nördlichen Hemisphäre und allein deswegen schon eine Sensation. Die *monotypische Gattung* beinhaltet nur mehr die eine Art, steht also ziemlich allein da. Ihre verwandtschaftlichen Beziehungen sind bisher noch ungeklärt. Fossilfunde in alten Braunkohle-Ablagerungen zeigen aber, dass die Gattung auf der Nordhalbkugel eine wesentlich größere Verbreitung hatte als heute in wenigen Provinzen Chinas. Also war sie wahrscheinlich bei uns schon mal heimisch.

Das wird ihr hoffentlich die Diskussion über eine Disqualifizierung zum bösen *Neophyten* ersparen. Dass die Stadt Wien in den letzten Jahren in der Bockkellerstraße im 19. Bezirk zwischen Kastanien mutig Gummiulmen gepflanzt hat, freut da den nach neuen Baumarten Ausschau haltenden Stadtbewohner. Also Augen auf! Für weitere Funde beim nächsten Stadtspaziergang durch Wien können Sie selbst aufmerksam beobachten und nachbestimmen. Vielleicht entdecken Sie ja Ihre eigene „botanische Sensation". Es muss ja nicht gleich die Wiederentdeckung einer längst ausgestorben geglaubten Art sein. Aber manchmal wartet das Besondere genau dort, wo man es am wenigsten erwartet – direkt vor der eigenen Haustür.

GLOSSAR

Albedo-Effekt: Das Rückstrahlvermögen von reflektierenden (weißen oder glatten) Flächen.

Ammengehölz: Ziehen andere Gehölze in deren Schatten groß, indem sie ein günstiges Mikroklima für lichtempfindliche, langsam wachsende Bäume und Sträucher schaffen.

Anhaftende Früchte: Die Früchte bleiben sehr lange am Zweig.

Arborist: Fachmann/frau für Bäume.

Artepitheton: Der biologische Artname.

Atemknie: Atemwurzeln, die um den Stamm herum aus dem Wasser ragen. Sie sind mit einem grob strukturierten Gewebe gefüllt und transportieren Sauerstoff an das Wurzelwerk.

Aufasten: Entfernen von unteren Ästen eines Baumes, um eine klare Stammform zu erreichen und Platz unter dem Baum zu schaffen.

Ausläufer: ober- oder unterirdisch wachsende, meist waagerechte Triebe, mit der sich die Pflanze vermehrt.

Austrieb: Das Erscheinen neuer Blätter oder Triebe.

Bedecktsamer: Die Samen dieser Pflanzen werden von Fruchtblättern umschlossen oder bedeckt.

Blattachsel: Der Bereich, in dem Blattoberfläche und Sprossachse (also etwa Zweige) ineinander übergehen.

Blattdimorphismus: Die unterschiedliche Ausprägung eines Blatts derselben Art.

Blattrandnekrosen: Fortschreitend absterbendes Gewebe am Rand eines Blattes.

Blütenstände: Blütenstand nennt man jenen Teil des Sprossachsensystems, der bei Samenpflanzen die Blüten trägt und vom vegetativen Teil der Pflanze mehr oder weniger deutlich abgrenzbar ist. Bei manchen Pflanzen findet man die weiblichen und männlichen Blütenteile an unterschiedlichen Teilen der Pflanze.

Borke: Die äußerste schützende Schicht der Rinde. Sie besteht aus abgestorbenen Teilen des Bastes.

Chlorose: Chlorophyllmangel; Chlorophyll ist für die grüne Farbe der Blätter zuständig. Im Herbst verlagern Bäume dieses von den Blättern in Äste und Stämme und sparen es sich so für den Frühling auf – zurück bleibt die gelbe bis rote Farbe.

Deckschuppen: Schützende, meist kleine, schuppenartige Strukturen, die bestimmte Pflanzenorgane wie Zapfen oder Blütenstände umhüllen.

Evapotranspiration: Wassermenge, die von Pflanzen in Form von Wasserdampf an die Atmosphäre abgegeben wird.

Gefüllte, halbgefüllte und ungefüllte Blüten: Als gefüllte Blüten werden Blüten bezeichnet, bei denen die Blütenblätter mehrfach übereinander angeordnet sind. Die Elemente des Schauapparats wurden hier meist züchterisch vermehrt.

Gestörte Böden: Umgelagerte oder untypische Böden, deren Entwicklung und Erscheinungsbild nicht dem charakteristischen natürlichen Profil eines bestimmten Bodentyps zugeordnet werden kann.

Guttation: Vorgang, bei dem Pflanzen Wasser in flüssiger Form über die Blattränder absondern.

Harzbeule: Krankheiten (vor allem bei Nadelbäumen), bei denen massenhaft Harz aus der Stammoberfläche austritt. An die Stelle des so zerstörten Holzgewebes treten harzgefüllte Hohlräume.

Herbizid: Mittel, das störende Pflanzen abtöten soll.

Herzwurzelsystem: Bäume, die eine Verschmelzung aus Tief- und Flachwurzler sind – also breit und tief wurzeln.

Honigtau: Ausscheidungen von Insekten, die an Pflanzen saugen.

Immergrüne Gehölze: Bäume, die das ganze Jahr belaubt sind.

Invasive Arten: Gebietsfremde Arten, die heimische Pflanzen verdrängen können.

Kapselfrüchte: Fruchttyp mit einem Fruchtknoten aus zwei oder mehreren verwachsenen Fruchtblättern.

Kauliflorie: Die Blüten entstehen am Stamm oder an verholzten Pflanzenteilen.

Knöllchenbakterien: Bestimmte Bakterien, die an Pflanzenwurzeln Knöllchen bilden und so Stickstoff binden – dieser ist Nahrung für die Pflanze, die im Ausgleich den Bakterien z. B. Zucker bietet – eine sehr erfolgreiche Symbiose.

Koniferen: Nadelhölzer, auch Kiefernartige genannt.

Kopfveredelung: Veredelung in der oberen Krone auf einem bereits verschulten Baumstamm.

Korkleiste: Flügelartige, unregelmäßige, erhabene Auswüchse an den Zweigen.

Korkwarzen: Warzenartige Lücken in der Borke, die von lockerem Gewebe gefüllt sind und dem Gasaustausch dienen.

Kurztriebe: Die Sprossen wachsen nur in reduzierter Länge.

Leittrieb: Haupttrieb eines Baumes, der dessen Spitze bildet und das schnellste und stärkste Wachstum aufweist.

Leitungsbahnen: Strukturen im Spross/Stamm, durch die Wasser und Nährstoffe transportiert werden.

Lichtbaumprofil: Freizuhaltender Raum für die Durchfahrt von Fahrzeugen; über Straßen 4,50 Meter, über Gehwegen und über Radwegen 2,50 Meter.

Melioration: Maßnahme zur nachhaltigen und tiefgründigen Verbesserung von leistungsschwachen oder produktionslosen Böden mit dem Ziel, einen kulturfähigen Zustand zu erreichen.

Mittelbaum: Mittelgroße Bäume, die eine Höhe von zwölf bis zwanzig Metern erreichen.

Monotypisch: ein Taxon, das nur ein einziges Taxon enthält, also zum Beispiel eine Gattung mit nur einer Art oder eine Art mit nur einer Unterart.

Nachwärmezeit: auch „Subatlantikum" oder „Buchezeit"; zwischen 500 v. Chr. bis heute; durch das Vordringen der Buche gilt sie als charakteristischer Zeitabschnitt des Holozäns in Norddeutschland.

Nacktsamer: Die Samen liegen frei, sie sind quasi nackt und nicht von einem Blatt umschlossen.

Neophyten/neophytisch: Pflanzen, die bewusst oder unbewusst in Gebiete gebracht werden, in denen sie nicht heimisch sind.

Nesselhaare: auch Brennhaare; haarähnliche Strukturen auf Blättern oder Sprossen, die durch winzige Widerhaken oder Wirkstoffe bei Berührung ein Brennen verursachen.

Notblüte: Eine Stressreaktion, bei der der Baum Blüten als Antwort auf Stress (z. B. Hitze) bildet.

Nyktinastie: Eine Bewegungsreaktion der Pflanzen auf Licht und Dunkelheit – zum Beispiel, wenn sich die Blätter zusammenfalten.

Panaschiert: verschiedenfarbig.

Pflanzensaft: auch: Blutungssaft; Flüssigkeit im Stamminneren, durch die Nährstoffe und Wasser transportiert werden.

Photosynthese: Stoffwechselprozess der Pflanzen, bei denen Licht als chemische Reaktionsenergie gespeichert wird, um in Kombination mit CO_2 und Wasser lebensnotwendige Stoffe wie Kohlenhydrate herzustellen.

Polymorphe Sammelart: Vielgestaltige Baumart, die aus mehreren Arten bestehend zu einer Art zusammengefasst wird.

Pyramidaler Wuchs: Gehölze und Bäume, die in Pyramidenform wachsen.

Rauchhart: Tolerant gegen Luftverschmutzung.

Reinbestand: Vorkommen derselben Art, zum Beispiel Plantagen bzw. Bestand aus einer Baumart.

Rindennekrose: Das Absterben von Zellen im Bereich der Rinde bewirkt eine Verfärbung des Holzes. Mit Fortschreiten kommt es zu einer Rissbildung in der Rinde und möglichen Infektionen durch Pilze und Bakterien.

Rispe: Ein verzweigter Blütenstand.

Sammelfrüchte: Wenn mehrere einzelne Früchte zu einer verwachsen, werden sie als Sammelfrucht bezeichnet (zum Beispiel: Himbeeren und Brombeeren).

Saponine: Sie kommen in Wurzeln, Knollen, Blüten und Samen vor und werden zur Herstellung von Seife verwendet.

Schmetterlingsblütler: Pflanzenunterfamilie, die Knöllchenbakterien nutzt; bekannt für viele Interaktionen mit Insekten; zum Beispiel Erbsen.

Sortenrein: nur von einer Sorte. Sorten sind Unterkategorien von Arten.

Sparriger Wuchs: seitwärts abstehende Triebe.

ssp.: Die Unterart oder Subspezies (lateinisch subspecies, abgekürzt subsp. oder ssp.) ist in der biologischen Systematik die taxonomische Rangstufe direkt unterhalb der Art.

Stammfruchtigkeit: Die Früchte entstehen am Stamm oder an verholzten Pflanzenteilen.

Stammfuß: Teil des Baumstammes, der am Boden angrenzt; oft verdickt.

Stammkehlung: Einsenkungen und Ausbuchtungen der Borke, meist im unteren Teil des Stammes.

Stammstärke: Maß für den Durchmesser eines Baumes in einem Meter Höhe gemessen Wichtiger Indikator für das Wachstum.

Steinfrüchte: Frucht, bei der der Samen von einem verholzten Kern umschlossen ist. Etwa Marillen oder Kirschen.

Steinkern: Ist der Kern von Steinfrüchten, bei denen die Samen von einem verholzten Kern umschlossen sind. Zum Beispiel Marillen.

Stockausschlag: Triebe, die neu aus dem Stumpf/Stock austreiben, auch wenn die primäre Sprossachse (der primäre Stamm) verloren gegangen ist.

Tiefwurzler: tief wurzelnde Bäume, die so an Wasserreserven kommen.

Transpiration: Wasserverlust durch Verdunstung über Blätter und andere grüne Pflanzenteile durch mikroskopisch kleine Spaltöffnungen.

Trockenrasen: Lebensräume, die sich an trockenen und nährstoffarmen Standorten ausbilden. Heimat seltener Pflanzenarten – oft Arten der Steppenvegetation – passen sich an diese besonderen Umstände an; meist geschützt.

Veredelung: Die Veredelung ist die Transplantation eines Pflanzenteils (Edelreiser) auf eine andere Pflanze (Unterlage). Bei der Hochstamm-Veredelung wird der Edelreiser auf einen Stamm (Unterlage) in der Höhe des gewünschten Kronenansatzes veredelt.

Versamung: Wenn ein Samen bei Kontakt mit der Erde zu einer neuen Pflanze heranwächst.

Wechselständig: Anordnung der Blätter an den Zweigen oder Ästen. Blätter entspringen einzeln aufeinander folgend dem Stängel, oft spiralig versetzt, im Gegensatz zu gegenständig, bei der immer zwei Blätter einander direkt gegenüberliegen.

Wirtelig: mehrere Blätter, die an einem Knoten auftreten, etwa dreiwirtelig.

MUSIKLISTE

JJ Cale: Magnolia

Pink Floyd (feat. Andriy Khlyvnyuk of BoomBox): Hey, Hey, Rise Up

Everlast: Fire Maple Song

Keno: Kirschblüten

David Bowie: Thru' These Architects Eyes

Beatles: Hey Jude

Douglas Thomas: Paulownia

JoAnne Spiess: Survivor Tree

Danger Dan: Eine gute Nachricht

The Human League: Being Boiled

Queen: Dragon Attack

Ernst Molden: Wuazln

Mikis Theodorakis: Zorba's Dance

Coldplay: Yellow

Taylor Swift: How Did It End?

Mola feat. Haiyti: Schnee im Sommer

Peter Fox: Fieber

Deichkind: Silberweidenpark

Ernst Palicek: Summer in Wien

Ben Howard: Old Pine

Bob Dylan: Drifter's Escape

Taylor Swift: Cornelia Street

Jolie Holland: Album Catalpa

Rihanna feat. Jay-Z: Umbrella

Voodoo Jürgens: Es geht ma ned ei

Anton Karas: Im Prater blüh'n wieder die Bäume

Juliana Chahayed: Squirrel song

AnnenMayKantereit: Orangenlied

Badsoma: Honey Locust Trees

Pink Floyd: Dark Side of the Moon

The Doors: Indian Summer

Tiny Tim: Tip Toe Thru' the Tulips with Me

Ernst Molden; Frauenorchester: Duachn Sumpf

Mirel Wagner: Oak Tree

The Balfa Feres: Hackberry Hop

Conny Froboess: Zwei kleine Italiener

Naomi Berelli: Ginkgo Biloba

Wolfgang Ambros: Wem heut net schlecht is

Bilderbuch: Auf Sand gebaut

The Lost Trades: Under the Hornbeam

Attwenger: Japaner

Cosmo Sheldrake, Robert Macfarlane: Beech

Van Morrison: Redwood Tree

Mil Dawn: Chestnut Roasting on an Open Fire

Kobzari: Moyi Iaseni (My Ash Trees)

Blur: Coffee & TV

The Beach Boys: Vegetables

Peter Gabriel: Olive Tree

Radiohead: Fake Plastic Trees

Rush: The Trees

Formidable Vegetable: Trees Eat Us All

AUTOR

Thomas Roth

© Klaus Ranger

aufgewachsen am Stadtrand von Wien, entdeckt mit dem Studium der Landschaftsplanung an der Universität für Bodenkultur seine Leidenschaft für Pflanzen. Als Mitbegründer der Fa. Plan B beginnt er 2006 an der HBLFA für Gartenbau Schönbrunn mit Lehre und Forschung in den Fächern Gartengestaltung, Landschaftsbau und Vegetationstechnik und Gehölzverwendung. Seit 2016 leitet er die Abteilung Gehölzkunde und Baumschulwesen, seit 2021 zusätzlich die Abteilung Garten- und Landschaftsgestaltung. In den jüngsten Forschungsjahren beschäftigt er sich intensiv mit den Auswirkungen des Klimawandels auf die Stadtvegetation.

KURATORIN

Katharina Kropshofer

© Thomas Gobauer

leitet das Natur-Ressort der Wiener Wochenzeitung FALTER und schreibt dort hauptsächlich über Klima- und Umweltthemen. Davor war sie freischaffende Journalistin im Audio- und Printbereich (BBC, Ö1, Der Standard etc.). Sie hat Biologie und Wissenschaftsjournalismus in Wien und London studiert.

ILLUSTRATORIN

Silvia Ungersböck

© Stefan Dworak

1986 geboren und aufgewachsen in der Steiermark. Sie besuchte das College für Grafik- und Kommunikationsdesign in Wien und studierte an der Akademie der bildenden Künste bei Gunter Damisch und Christian Schwarzwald. Sie arbeitet als Künstlerin und Illustratorin in Wien und ist Mutter von zwei Kindern.

FALTER
VERLAG

WIENER FLORA

50 WIENER PFLANZEN

Lahner | Ungersböck

Das Buch dokumentiert die vielfältige Botanik der Stadt. Mit einem Blick in die Vergangenheit, Bezügen zur aktuellen Forschung und überraschenden Anwendungstipps.

256 Seiten, € 29,90

BOTANISCHE SPAZIERGÄNGE

Klein | Lahner | Ungersböck

11 Routen durch die Welt der Wiener Pflanzen und ihrer Geschichte laden ein, den städtischen Raum neu zu betrachten und zu erfahren.

224 Seiten, € 29,90